"十四五"职业教育部委级规划教材

信息技术实战教程

主　编　黄海华　李　锐　张雪熠
副主编　陈博仪　高　烨　蔡俊杰

中国纺织出版社有限公司

内 容 提 要

本书旨在为学生提供计算机科学与技术应用的基础知识和实践技能，使其能够在信息化社会中有效地使用计算机工具，解决实际问题。全书共分为7章：计算机基础知识、WPS文档、WPS演示文稿、WPS表格、信息检索、新一代信息技术、信息素养与社会责任。本书注重理论与实践相结合，通过丰富的案例和实训项目，帮助学生掌握计算机应用的基础知识与技能，提升其信息素养与实际操作能力。本书可以作为高等职业院校公共基础课程计算机通识课教材，也可以作为广大计算机爱好者、计算机入门学习者的自学用书。

图书在版编目（CIP）数据

信息技术实战教程 / 黄海华，李锐，张雪熠主编. 北京：中国纺织出版社有限公司，2024. 8. --（"十四五"职业教育部委级规划教材）. -- ISBN 978-7-5229-2050-4

Ⅰ.TP3

中国国家版本馆CIP数据核字第2024GA2931号

责任编辑：顾文卓　向连英　责任校对：王蕙莹　责任印制：储志伟

中国纺织出版社有限公司出版发行
地址：北京市朝阳区百子湾东里A407号楼　邮政编码：100124
销售电话：010—67004322　传真：010—87155801
http://www.c-textilep.com
中国纺织出版社天猫旗舰店
官方微博http://weibo.com/2119887771
三河市海新印务有限公司印刷　各地新华书店经销
2024年8月第1版第1次印刷
开本：787×1092　1/16　印张：14
字数：282千字　定价：45.00元

凡购本书，如有缺页、倒页、脱页，由本社图书营销中心调换

WPS Office 是一款功能强大的办公软件套组，旨在提高用户的办公效率和体验。它最初出现于 1989 年，一经出现就成为我国主流的文字处理软件，凭借其卓越的性能和丰富的功能，赢得了广大用户的青睐。

　　三十多年来，WPS Office 一直致力于以自研科技引领办公创新，除了深耕 PC 端外，2011 年开始在移动办公市场发力。Android 版本、iOS 版本、HarmonyOS 版本相继问世，奠定了 WPS Office 在移动办公领域的领先地位。现已成长为"一站式"的综合办公应用与服务平台，支持几乎各类型平台与多种智能设备。

　　本书立足于让初学者能够掌握计算机的基础知识，快速学会 WPS Office 的文档、演示文稿和表格三大核心应用的使用，同时了解信息检索、新一代信息技术、信息素养与社会责任的相关知识。第 1 章主要讲解计算机的发展与组成，文字录入；第 2 章"WPS 文档"安排了 WPS 文字基础知识，WPS 文字、表格、图片等元素的设置，"项目标书"的文字排版以及邮件的合并等内容；第 3 章"WPS 演示文稿"主要讲解演示文稿的基本操作以及在演示文稿中如何丰富各类元素等知识，以帮助读者快速掌握演示文稿的制作方法；第 4 章"WPS 表格"通过多个实战实例全面展示 WPS 表格的基本操作、格式设置、图表制作等内容；第 5~7 章分别安排了信息检索、新一代信息技术和信息素养与社会责任三个模块，培养读者在信息时代高效获取信息的能力，使其掌握前沿技术动态并具备良好的信息伦理与社会责任感。

　　本书具有如下特点。

　　（1）课程思政、精准融合。在章首位置，设置课程思政内容，将我国信息技术领域的尖端突破与课程内容相结合，增强读者的文化自信和民族自豪感。

　　（2）线上测考、随学随验。在章尾设置在线测试内容，实现线上测考、随学随验，帮助学生夯实基础。

　　（3）智慧媒体、混合学习。针对章尾的实训内容，教材提供了相应的操作视频讲解与演示文稿文件。

　　（4）扫码查看、无需下载。教材提供了拓展阅读部分内容，保持教材的时效性和前瞻性，同时为读者提供了深入学习的资源。

在党的二十大精神的指引下，本书坚持创新、协调、绿色、开放、共享的新发展理念，旨在帮助读者更好地了解计算机的发展历史及组成，熟练使用 WPS Office2023 的各项功能，让读者在享受信息技术的便利的同时，对信息安全、新一代信息技术和信息伦理与社会责任有充分的认识，从而安全、规范地利用现代信息技术轻松应对各种办公场景，从容应对职场挑战。

本书由多人合作编写而成，由宜春幼儿师范高等专科学校的黄海华、塔里木职业技术学院的李锐与张雪熠任主编，由塔里木职业技术学院的陈博仪、高烨以及广州民航职业技术学院的蔡俊杰任副主编。黄海华拟定整个编写体例和框架，选定章节篇目，负责最终统稿、定稿；张雪熠编写第 1 章、第 5 章、第 6 章；高烨编写第 2 章；陈博仪编写第 3 章；李锐编写第 4 章；蔡俊杰编写第 7 章。

由于编者水平有限，不足之处请广大读者批评指正，不胜感激！

编　者

2024 年 5 月

配套素材

目录 CONTENTS

第1章　计算机基础知识 ··· 1
1.1　计算机的发展与组成 ·· 4
1.2　文字录入 ·· 11

第2章　WPS文档 ··· 19
2.1　WPS文字基础知识 ·· 21
2.2　WPS文字的文字格式、段落格式、项目符号设置 ···································· 26
2.3　WPS文字的表格、图片、形状和艺术字设置 ·· 30
2.4　文档排版 ·· 45
2.5　WPS文字中邮件合并功能的使用 ··· 62

第3章　WPS演示文稿 ··· 67
3.1　认识WPS演示文稿 ·· 69
3.2　演示文稿的基本操作 ·· 74
3.3　演示文稿的编辑与修饰 ··· 78
3.4　演示文稿的动画设置 ·· 94
3.5　演示文稿的放映 ··· 101
3.6　演示文稿的定稿 ··· 105
3.7　夯实演示文稿制作技能基础 ··· 107

第4章　WPS表格 ·· 111
4.1　WPS表格的常用操作 ··· 114
4.2　WPS表格函数 ·· 132

4.3 WPS 数据透视表 ··· 155
4.4 WPS 图表可视化 ··· 172

第 5 章 信息检索 ··· 179
5.1 认识信息检索 ··· 181
5.2 计算机检索办法 ··· 184
5.3 信息检索使用技巧 ··· 186

第 6 章 新一代信息技术 ··· 191
6.1 认识人工智能 ··· 193
6.2 认识量子信息 ··· 195
6.3 认识移动通信 ··· 197
6.4 认识物联网 ··· 200
6.5 认识区块链 ··· 204

第 7 章 信息素养与社会责任 ··· 209
7.1 信息素养 ··· 211
7.2 信息技术发展史 ··· 212
7.3 信息伦理与职业行为自律 ··· 213

参考文献 ·· 217

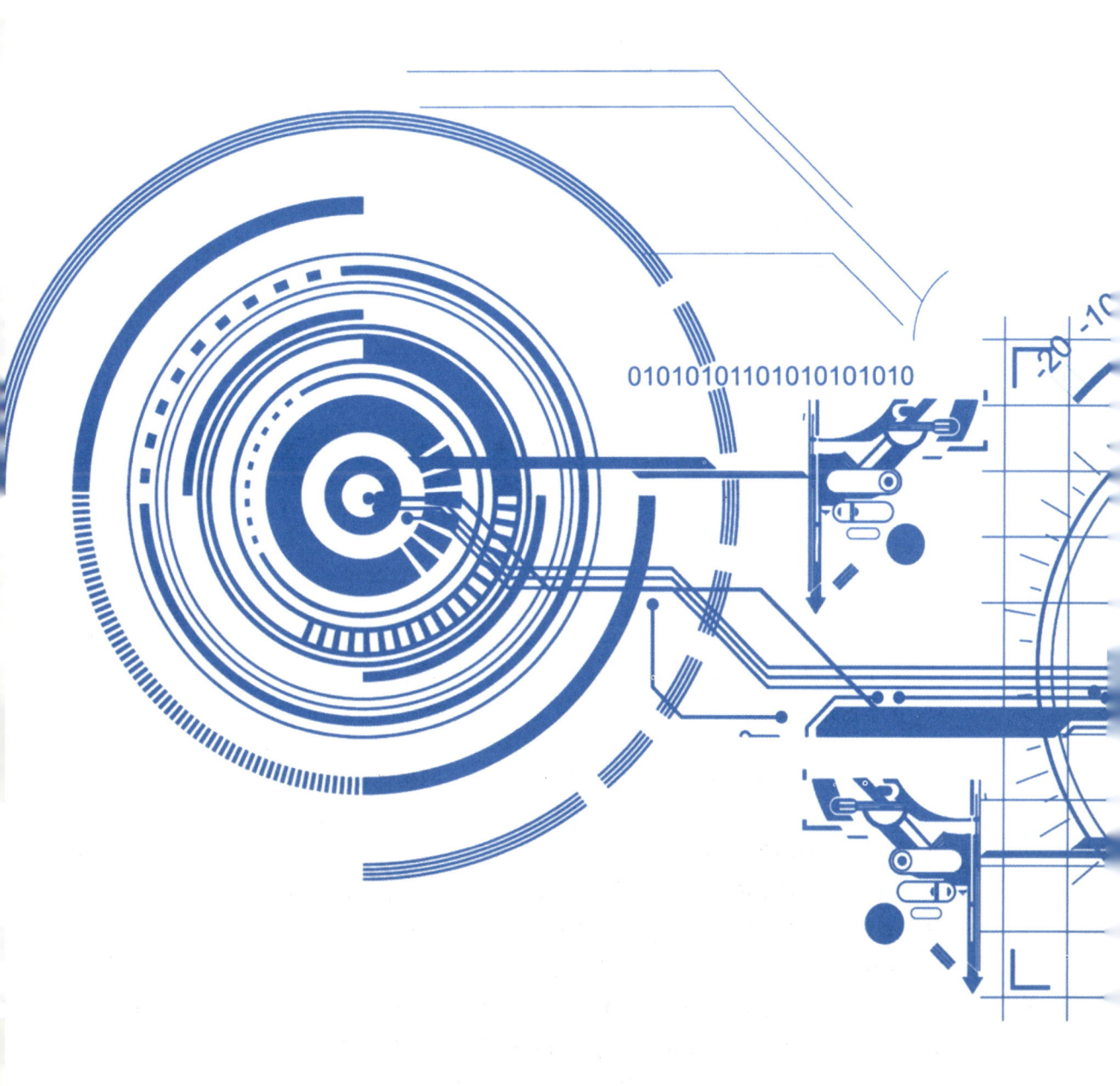

第 1 章 计算机基础知识

教学要求

知识目标

（1）了解计算机的发展过程。
（2）了解计算机的发展趋势。
（3）掌握计算机的特点和分类。
（4）了解计算机的硬件组成。
（5）掌握计算机的软件系统分类。

技能目标

（1）能够使用各种键盘进行录入。
（2）能够进行输入法设置。
（3）能够进行简单的中文录入。
（4）能够进行英文录入。

素养目标

（1）遵守学校及实验室的各种规章制度，做到诚实守信、互助合作。
（2）培养吃苦耐劳、追求卓越的工匠精神。
（3）具备良好的思想品德和较高的职业素养等。

教学建议

| 1.1 计算机的发展与组成 | 2学时 |
| 1.2 文字录入 | 2学时 |

目前，计算机已成为人们不可缺少的工具，网络通信、网上购物、文件存储、自动化办公等都离不开它。计算机极大地改变了人们的工作、学习和生活方式，成为当代信息社会的主要标志。

学习并掌握计算机技术对于个人发展以及社会进步都具有重要意义。无论是出于职业发展需求、提高工作效率、推动创新与发展还是提升个人素养等目的，学习并掌握计算机技术都是一个值得投入时间和精力、适应社会趋势的选择。

职业发展需求：随着信息技术的迅猛发展，计算机技术在各行各业的应用日益广泛。无论是IT行业、金融、医疗、教育还是其他领域，都需要掌握计算机技术的人才。学习计算机技术可以帮助个人提升职业竞争力，拓宽职业发展空间。

提高工作效率：计算机技术可以大大提高工作效率，无论是处理数据、制作报告还是进行项目管理，都可以通过计算机技术实现自动化和智能化。掌握计算机技术可以在工作中更加得心应手，大大提高工作效率。

推动创新与发展：计算机技术是创新的重要驱动力。通过学习计算机技术，人们可以开发与更新软件、应用、游戏等，推动科技进步和社会发展。同时，计算机技术也为人们提供了更多的创新思路和解决方案。

提升个人素养：学习计算机技术可以锻炼个人的逻辑思维，提升分析问题和解决问题的能力。这些能力在日常生活和工作中都至关重要，可以帮助人们更好地应对各种挑战和困难。

适应社会趋势：在当今社会，数字化、信息化已经成为不可逆转的趋势。学习计算机技术可以帮助人们更好地适应这个时代的发展，不被社会所淘汰。

课程思政

神威·太湖之光超级计算机

"神威·太湖之光"作为一台超级计算机，无疑是大国重器中的佼佼者，其卓越的性能和广泛的应用领域是中国在国际计算领域新的里程碑。

"神威·太湖之光"具有极高的运算速度和强大的并行处理能力。其峰值运算速度超过10亿亿次，并行规模超千万核，这使得它能够处理大规模、高复杂度的计算任务。同时，它采用了国产核心处理器"申威26010"，实现了核心部件的完全自主制造，展现了中国在高性能计算领域的自主创新能力。

"神威·太湖之光"具有广泛的应用前景。它不仅能够服务于国家战略需求，如海洋科学、航空航天等领域的科研计算，还能够为产业应用、社会民生等领域提供强大的计算支持。其强大的计算能力可以加速药品研制、新材料开发等过程，提高科研效率。

神威·太湖之光是中国具有完全自主知识产权的超级计算机，被称为"国之重器"。超级计算属于战略高技术领域，是世界各国竞相角逐的科技制高点，也是一个国家科技实力的重要标志之一。它的成功，结束了"中国只能依靠西方技术才能在超算领域拔得头筹"的时代。

我们应该向研制"神威·太湖之光"的科学家学习，汲取他们身上不断创新、团结合作的精神，科学严谨的工作态度，爱科学爱祖国的宝贵品质。这些品质将激励我们在自己的工作和生活中不断追求进步，为实现中华民族的伟大复兴贡献自己的力量。

1.1 计算机的发展与组成

计算机是 20 世纪最先进的科学技术发明之一，对人类的生产生活产生了极其重要的影响。其应用领域已经从最初的军事科研应用扩展到社会的各个领域，形成了规模巨大的计算机产业，带动了全球范围的技术进步。计算机已遍及学校、企业及事业单位，成为信息社会中必不可少的工具。

1.1.1 计算机的发展

计算工具的演化经历了由简单到复杂、低级到高级的不同阶段，例如从"结绳记事"中的绳结到算筹、算盘计算尺、机械计算机等。它们在不同的历史时期发挥了各自的历史作用，同时也启发了现代电子计算机的研制思想。

电子计算机的发展可以分为四个阶段，主要是通过计算机内部使用的电子元器件来划分的。

1.1.1.1 第一代计算机电子管数字机（1946—1958 年）

1946 年 2 月 14 日，世界上第一台电子计算机埃尼阿克（Electronic Numerical Integrator And Computer，ENIAC）在美国宾夕法尼亚大学问世。

ENIAC 的最初目的是计算弹道，这台计算器使用了 17 840 支电子管，占地约 170 m^2，重达 28 t，功耗为 170 000 W，其运算速度为每秒 5 000 次的加法运算，造价约为 487 000 美元。

ENIAC（图 1-1）的问世具有划时代的意义，表明电子计算机时代的到来。在此后的岁月里，计算机技术以惊人的速度发展。

图 1-1 ENIAC 计算机

1.1.1.2 第二代计算机晶体管数字机(1958—1964年)

晶体管的发明,在计算机领域引发了一场革命,它以尺寸小、重量轻、寿命长、效率高、发热少、功耗低等优点改变了电子管元件运行时产生的热量太多、可靠性较差、运算速度慢、价格昂贵、体积庞大等缺陷,从此计算机大步跨进了第二代的门槛。

1958年,IBM公司制成了第一台全部使用晶体管的计算机RCA501型(图1-2),第二代计算机正式登上了舞台。第二代计算机将计算速度从每秒几千次提高到了每秒几十万次,并且主存储器的存储量也从几千字提高到了十万字以上。

图1-2 RCA 501型计算机

1958—1964年,是晶体管计算机的大发展时期。这一阶段的晶体管计算机经历了从印刷电路板到单元电路和随机存储器的转变,运算理论和程序设计语言取得了不断的革新,晶体管计算机的性能也逐渐完善。

1.1.1.3 第三代计算机集成电路数字机(1964—1970年)

20世纪50年代后期到60年代,集成电路的快速发展推动了第三代电子计算机的诞生。

1964年,采用中、小规模集成电路制造的第三代电子计算机开始出现,并在20世纪60年代末大量生产。典型代表是IBM360型计算机(图1-3)。第三代电子计算机的基本电子元件是每个基片上集成几个到十几个电子元件的小规模集成电路和每个基片上几十个元件的中规模集成电路。计算机软件技术的进一步发展,尤其是操作系统的逐步成熟是第三代计算机的显著特点。

图1-3 IBM 360型计算机

1.1.1.4 第四代计算机大规模集成电路计算机（1970年至今）

大规模集成电路的发展使得计算机的体积和价格不断下降，功能和可靠性不断增强。美国的ILLIAC-IV计算机（图1-4）是第一台全面使用大规模集成电路作为逻辑元件和存储器的计算机，这也标志着计算机的发展已到了第四代。

微型计算机是大规模集成电路计算机的一个重要分支，它们以大规模、超大规模集成电路为基础进行发展。1971年，Intel公司研制出了以4040为CPU的MCS4微型计算机，标志着微型计算机的诞生。

图1-4 ILLIAC-IV计算机

随着大规模集成电路技术的不断进步，各种微处理器和微型计算机如雨后春笋般涌现，成为了市场上的畅销产品。这种趋势一直延续到今天，而且在未来还将继续发展。

> **思考**
>
> 随着时代的不断发展，计算机发生着日新月异的变化，大家觉得未来计算机会是什么样的呢？

1.1.2 计算机的组成

一个完整的计算机由硬件系统和软件系统两大部分组成，如图1-5所示。

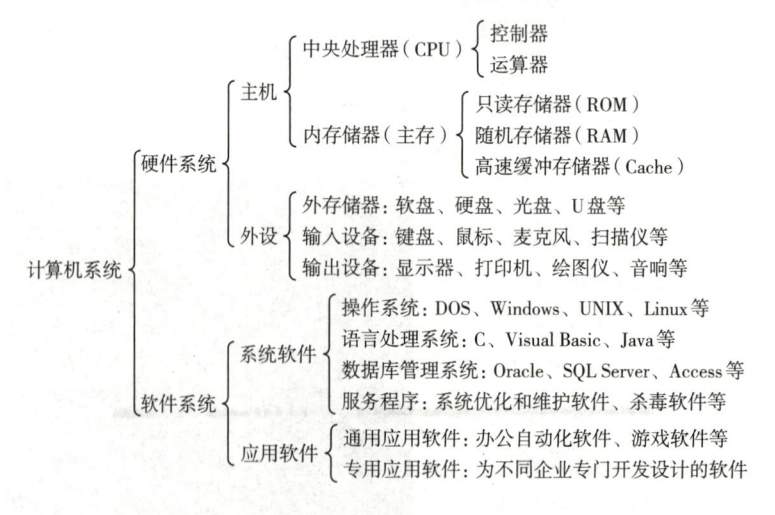

```
                           ┌ 中央处理器（CPU）┬ 控制器
                   ┌ 主机 ┤                   └ 运算器
                   │      │                   ┌ 只读存储器（ROM）
                   │      └ 内存储器（主存）  ┤ 随机存储器（RAM）
         ┌ 硬件系统┤                          └ 高速缓冲存储器（Cache）
         │         │      ┌ 外存储器：软盘、硬盘、光盘、U盘等
         │         └ 外设 ┤ 输入设备：键盘、鼠标、麦克风、扫描仪等
计算机系统┤                └ 输出设备：显示器、打印机、绘图仪、音响等
         │                ┌ 操作系统：DOS、Windows、UNIX、Linux等
         │         ┌ 系统软件│ 语言处理系统：C、Visual Basic、Java等
         │         │        │ 数据库管理系统：Oracle、SQL Server、Access等
         └ 软件系统┤        └ 服务程序：系统优化和维护软件、杀毒软件等
                   │        ┌ 通用应用软件：办公自动化软件、游戏软件等
                   └ 应用软件┤ 专用应用软件：为不同企业专门开发设计的软件
```

图1-5 计算机的组成结构

1.1.2.1 硬件系统

计算机的硬件系统能够收集、加工、处理数据以及输出数据所需的设备实体，是看得见、摸得着的部件总和，是计算机工作的基础。从结构上，计算机硬件主要分为5个部分，包括运算器、控制器、存储器、输入设备以及输出设备。具体有如

下部件。

（1）电源。电源是电脑中不可缺少的供电设备，它的作用是将 220 V 交流电转换为电脑中使用的 5 V、12 V、3.3 V 直流电，其性能的高低，直接影响到其他设备工作的稳定性，进而会影响计算机的稳定性。

（2）主板。主板（图 1-6）是计算机中各个部件工作的一个平台，它把电脑的各个部件紧密连接在一起，各个部件通过主板进行数据传输。计算机中重要的"交通枢纽"都在主板上，它工作的稳定性影响着计算机工作的稳定性。

图 1-6　主板

（3）中央处理器。中央处理器即 CPU（图 1-7），是一台计算机的运算核心和控制核心。其功能主要是解释计算机指令以及处理计算机软件中的数据。CPU 是信息处理、程序运行的最终执行单元，因此 CPU 是决定计算机性能的核心部件。

图 1-7　CPU

（4）内存。内存即内部存储器或随机存储器（图 1-8），属于电子式存储设备。内存由电路板和芯片组成，特点是体积小，速度快，有电可存，无电清空，即电脑在开机状态时内存中可存储数据，关机后将自动清空其中所有的数据。

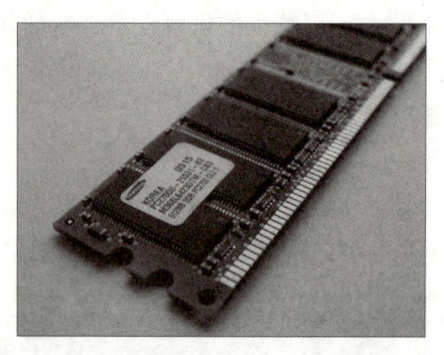

图 1-8　内存

（5）硬盘。硬盘（图1-9）是计算机最主要的存储设备，由一个或多个铝制、玻璃制的碟片组成。这些碟片外覆盖有铁磁性材料，具有记忆功能，所以存储到碟片上的数据，无论是开机还是关机，都不会丢失。

图 1-9　硬盘

（6）显卡。显卡（图1-10）在工作时与显示器配合输出图形、文字，作用是将计算机系统所需要的显示信息进行转换驱动，并向显示器提供行扫描信号，控制显示器的正确显示，是连接显示器和个人计算机主板的重要元件，是"人机对话"的重要设备之一。

图 1-10　显卡

（7）声卡。声卡是计算机多媒体系统中必不可少的一个硬件设备，其作用是当接收到播放命令后，将计算机中的声音数字信号转换成模拟信号送到音箱上，实现信号的相互转换。

（8）网卡。网卡是局域网中连接计算机和传输介质的接口，充当计算机与网线之间的桥梁，它是建立局域网并连接到Internet的重要设备之一。

（9）显示器。显示器（图1-11）是一个输出设备，其作用是把计算机处理完的结果显示出来。它有大有小，有薄有厚，种类丰富多样，是计算机不可缺少的部件之一。

图 1-11　显示器

（10）键盘。键盘是计算机输入设备之一，用户可以通过敲击键盘上的按键来输入文字、数字、符号等信息，控制计算机进行各种操作。

（11）鼠标。鼠标（图1-12）是计算机输入设备之一，用于与计算机进行交互操作。鼠标的主要功能是通过单击、双击、拖动等操作来控制电脑的光标，从而实现对电脑的各种操作。鼠标的左键通常用于选择、单击和拖动等操作，右键则通常用于打开上下文菜单或进行其他特定的操作。鼠标通常还配有滚轮，可以方便滚动页面或调整对话框大小等。

图 1-12　鼠标

（12）音箱。音箱是常见的输出设备，通过音频线连接到功率放大器，再通过晶体管把声音放大，输出到喇叭上，使喇叭发出计算机的声音。

（13）打印机。打印机是一种输出设备，用于将电子文档或图像转换为纸质形式。它通常连接到计算机或其他电子设备上，通过接收来自这些设备的打印任务，将墨水、色带、碳粉等打印介质转移到纸张、塑料薄膜或其他介质上，生成肉眼可见的图像或文字。

1.1.2.2 软件系统

计算机软件系统是为了充分发挥硬件系统性能和方便人们使用硬件系统以及解决各类应用问题而设计的程序、数据、文档总和，它们在计算机中体现为一些触摸不到的二进制状态，存储在内存、硬盘、U盘等硬件设备上。

系统软件

系统软件由一组控制计算机系统并管理其资源的程序组成，其主要功能包括启动计算机，存储、加载和执行应用程序，对文件进行排序、检索，将程序语言翻译成机器语言等。

系统软件可以看作是用户与计算机的接口，它为应用软件和用户提供了控制、访问硬件的手段，这些功能主要由操作系统完成。此外，编译系统和各种工具软件均属此类，它们从另一方面辅助用户使用计算机，功能如下所示。

（1）操作系统。操作系统是管理、控制和监督计算机软、硬件资源协调运行的程序系统，由一系列具有不同控制和管理功能的程序组成，它直接运行在计算机硬件上，是最基本的系统软件，也是系统软件的核心。

操作系统的主要目的：一是方便用户使用计算机，操作系统是用户和计算机的接口。比如用户输入一条简单的命令就能自动完成复杂的功能，这就是操作系统帮助的结果。二是统一管理计算机系统的全部资源，合理组织计算机工作流程，以便充分地提高计算机的利用率。

操作系统通常应包括下列五大功能模块：

①处理器管理：当多个程序同时运行时，解决CPU时间的分配问题。

②作业管理：每个用户请求计算机系统执行一个独立操作被称为作业。作业管理的任务主要是为用户提供一个使用计算机的界面，使其方便地运行自己的作业，并对所有进入系统的作业进行调度和控制，高效地利用整个系统的资源。

③存储器管理：为各个程序及其使用的数据分配存储空间，并保证它们互不干扰。

④设备管理：根据用户提出使用设备的请求进行设备分配，同时还能随时接收设备的请求（称为中断），如要求输入信息。

⑤文件管理：主要负责文件的存储、检索、共享和保护，为用户提供方便、快捷的文件操作。

微型计算机的操作系统随着硬件技术的发展而发展。Microsoft公司开发的DOS系统是单用户单任务系统，而Windows操作系统则是多用户多任务系统，经过几十年的发展，已从Windows 1.0经过Windows 2000、Windows XP、Windows Vista、Windows 7发展到Windows 11，是当前微型计算机中被广泛使用的操作系统之一。Linux是一个源码公开的操作系统，程序员可以根据自己的兴趣和灵感对其进行改变，这让Linux吸收了无数程序员的精华，不断壮大，并被越来越多的用户所使用，成为Windows操作系统强有力的竞争对手。

（2）语言处理系统（翻译程序）。人和计算机交流信息使用的语言称为计算机语言或程序设计语言。计算机语言通常分为机器语言、汇编语言和高级语言三类。如果要在计算机上运行高级语言程序就必须配备相应的程序语言翻译程序。

（3）服务程序。服务程序能够提供一些常用的服务性功能，它们为用户开发程序和使用计算机提供了方便，像计算机上经常使用的诊断程序、调试程序、编辑程序均属此类。

（4）数据库管理系统。数据库是指按照一定联系存储的数据集合，可为多种应用共享。数据库管理系统则是能够对数据库进行加工、管理的系统软件。其主要功能是建立、消除、维护数据库及对库中数据进行各种操作。

应用软件

计算机应用软件是指专门为计算机设计和开发的软件，用于执行各种任务和功能。这些软件旨在帮助用户更有效地完成特定的计算机操作。

计算机应用软件包括聊天社交软件、办公软件、图像处理软件等。聊天社交软件如QQ、微信等，用于提供用户之间的即时通讯、聊天室、群组讨论等功能，满足社交互动的需求。办公软件如WPS Office等，用于文字处理、表格制作、演示文稿等，帮助用户高效地完成日常办公任务。图像处理软件则用于处理数字图像，如照片编辑、图像修复和创意设计等。

计算机应用软件的发展对于推动计算机技术的普及和进步起到了重要作用。随着人工智能、大数据等技术的不断发展，计算机应用软件也在不断创新和进步，为用户提供了更加智能、便捷的工作和生活体验。

实训1-1

解释并用WPS绘制冯·诺伊曼结构

约翰·冯·诺依曼（John von Neumann，1903年12月28日—1957年2月8日），数学家、计算机科学家、物理学家和化学家。他提出的冯·诺依曼结构（存储程序原理）是计算机设计的基本原则，对计算机科学的发展产生了深远的影响。

请用简洁的语言解释一下什么是冯·诺伊曼结构。

1.2 文字录入

随着社会经济和科学技术的飞速发展，计算机已经成为人们日常生活中一件必不可少的工具，并被广泛应用到各个行业和领域中。文字录入作为计算机使用的一项最基本的技能，已经成为21世纪每个人必备的技能，熟练掌握这项技能可以有效地帮助人们提高工作效率。

1.2.1 键盘基本键位与手指放置位置

键盘的每一个键位都有其负责控制的手指，十根手指各司其职。下面就来介绍使用键盘的准确指法，希望每一位打字学习者都能够在初期养成良好的指法规范，以便在后续的盲打进阶过程中，能轻松实现质的飞跃。

1.2.1.1 键盘的分区

键盘的文本输入区主要由数字区、字母区和符号区组成，如图 1-13 所示。

图 1-13　键盘的分区

把你的手指放在键盘上，手指摆放的位置如图 1-14 所示。

左手：小拇指放置在 A 的位置，无名指放置在 S 的位置，中指放置在 D 的位置，食指放置在 F 的位置，拇指放置在空格键上；右手：小拇指放置在分号的位置，无名指放置在 L 的位置，中指放置在 K 的位置，食指放置在 J 的位置，拇指放置在空格键上。大部分键盘的 F 键和 J 键都会有两个小凸起，帮助你定位键盘，实现盲打。

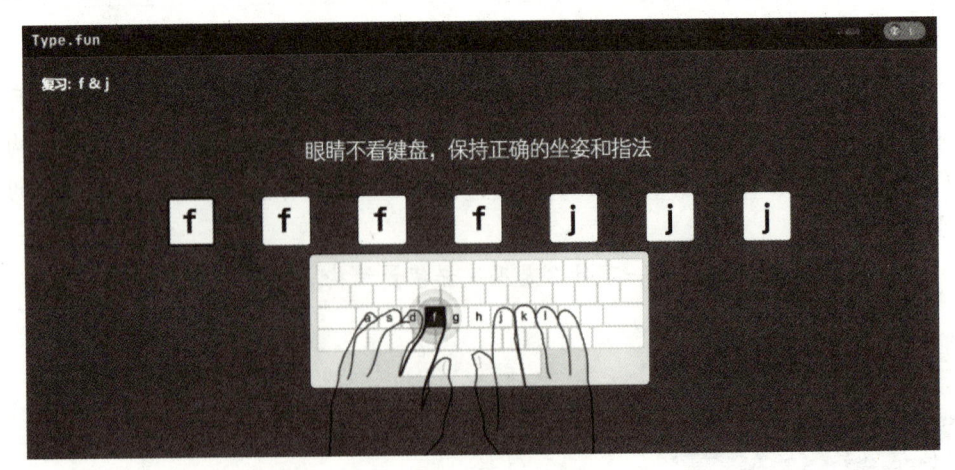

图 1-14　手指摆放位置

1.2.1.2 手指控制键位

（1）左手食指控制 4、5、R、T、F、G、V、B，如图 1-15 所示的 8 个键位。

图 1-15　左手食指控制键位

（2）左手中指控制 3、E、D、C，如图 1-16 所示的 4 个键位。

图 1-16　左手中指控制键位

（3）左手无名指控制 2、W、S、X，如图 1-17 所示的 4 个键位。

图 1-17　左手无名指控制键位

（4）左手小拇指控制1、Q、A、Z、左侧Shift键，如图1-18所示的5个键位。

图1-18　左手小拇指控制键位

（5）右手食指控制6、7、Y、U、H、J、N、M，如图1-19所示的8个键位。

图1-19　右手食指控制键位

（6）右手中指控制8、I、K、左书名号与逗号键，如图1-20所示的4个键位。

图1-20　右手中指控制键位

（7）右手无名指控制9、O、L、右书名号与句号键，如图1-21所示的4个键位。

图 1-21　右手无名指控制键位

（8）右手小拇指控制 0、P、冒号与分号键、问号与斜线键、右侧 Shift 键，如图 1-22 所示的 5 个键位。

图 1-22　右手小拇指控制键位

我们的左右大拇指，都负责控制键盘上键位最长的键：空格键，如图 1-23 所示。

图 1-23　大拇指控制键位

1.2.2 录入操作

1.2.2.1 设置输入法

Windows 操作系统

（1）单击"开始"按钮，打开弹窗，选择"设置"→"时间和语言"选项。

（2）在"时间和语言"对话框中，单击"语言和区域"按钮。

（3）在"语言和区域"对话框中，单击"添加语言"按钮，然后选择想要添加的输入法。

（4）在"添加语言"列表中，选择想要添加的输入法，然后单击"安装"按钮。

（5）在"语言和区域"对话框中，在输入法引入列表中将该输入法设置为默认输入法，这样输入法的设置就完成了。

macOS 操作系统

（1）打开"系统偏好设置"，选择"键盘"选项。

（2）在"键盘"对话框中，选择"输入法"选项卡。

（3）在"输入法"对话框中，单击"+"按钮，然后选择想要添加的输入法。

（4）在"已安装的输入法"列表中，选择刚刚添加的输入法，并设置其在输入法切换器中的顺序。

（5）在"键盘"设置对话框中，单击"应用"按钮，保存对输入法的设置。

无论使用的是哪种操作系统，都可以通过相应的设置来切换不同的输入法。

在 Windows 操作系统中，可以使用 Ctrl+Shift 快捷键在不同的输入法之间切换；在 macOS 操作系统中，可以使用 Command+空格键来切换不同的输入法。

1.2.2.2 中文录入

录入中文的操作一般分为以下几个步骤：

（1）选择合适的输入法：需要先选择适合录入中文的输入法，比如拼音、五笔字型、自然码输入法等。

（2）输入汉字：在输入框中输入相应的汉字，可以直接输入汉字拼音，也可以通过笔画、部首等来输入汉字。

（3）校对和修改：在录入过程中或录入完成后，需要进行校对和修改，以确保输入的汉字准确无误。

（4）保存和导出：将录入的中文保存到相应的文档或应用程序中或者将其导出为其他格式，如 Word、PDF 等。

1.2.2.3 英文及其他字符录入

在录入英文时，先要确保键盘已经切换到英文输入模式。一般来说，可以在键盘上按下"Shift"键来切换中英文输入。以下是录入英文的基本操作：

（1）录入英文字母：直接按下对应的字母键即可。如果需要输入大写字母，请先按下"Caps Lock"键，就可以进行大写字母的输入了。

（2）录入数字：按下键盘上的数字键即可。

（3）录入标点符号：大部分键盘上都有标点符号键位，可以直接按下对应的键。例如，按下"."键可以输入英文句号。

（4）删除错误：如果录入错误，可以使用"Backspace"键来删除错误的字符。

（5）切换单词间距：在录入英文时，可能需要确保单词之间有空格。按下"Space"键可以插入一个空格。

（6）录入特殊字符：有些特殊的字符可能需要按下"Shift"键和对应的字母或数字键才能输入。另外，有些键盘上有专门的符号键位区，也可以直接按下对应的键来输入特殊字符。

（7）回车换行：需要在录入英文时换行，可以按下"Enter"键。

实训 1-2

使用 WPS 文字录入文字

使用 WPS 文字录入乐府诗《将进酒》。

《将进酒》
李白

君不见，黄河之水天上来，奔流到海不复回。
君不见，高堂明镜悲白发，朝如青丝暮成雪。
　　人生得意须尽欢，莫使金樽空对月。
　　天生我材必有用，千金散尽还复来。
　　烹羊宰牛且为乐，会须一饮三百杯。
　　岑夫子，丹丘生，将进酒，杯莫停。
　　与君歌一曲，请君为我倾耳听。
　　钟鼓馔玉不足贵，但愿长醉不复醒。
　　古来圣贤皆寂寞，惟有饮者留其名。
　　陈王昔时宴平乐，斗酒十千恣欢谑。
　　主人何为言少钱，径须沽取对君酌。
五花马，千金裘，呼儿将出换美酒，与尔同销万古愁。

知识拓展

（1）物联网3层结构的作用分别是什么？
（2）大数据有哪些应用？
（3）云计算的服务类型有哪些？
（4）人工智能是什么？
（5）虚拟现实（VR）和增强现实（AR）的区别是什么？

任务拓展

使用WPS Office文字处理软件绘制本章计算机基础知识的思维导图。

思考与练习

复习思考

（1）计算机系统由什么组成？计算机主机内有哪些部件？常用的计算机外部设备有哪些？

（2）目前常用的操作系统有哪些？

（3）硬盘和内存的区别是什么？它们各有什么性能指标？

（4）CPU在计算机中的作用是什么？它主要有什么性能指标？

（5）将十进制数256转换成二进制数，结果是什么？

（6）将二进制数11010转换成十进制数，结果是什么？

（7）计算机病毒是什么？它有什么特点？

（8）将一个50 MB的文件存储单位换为KB，为多少？

第 2 章

WPS 文档

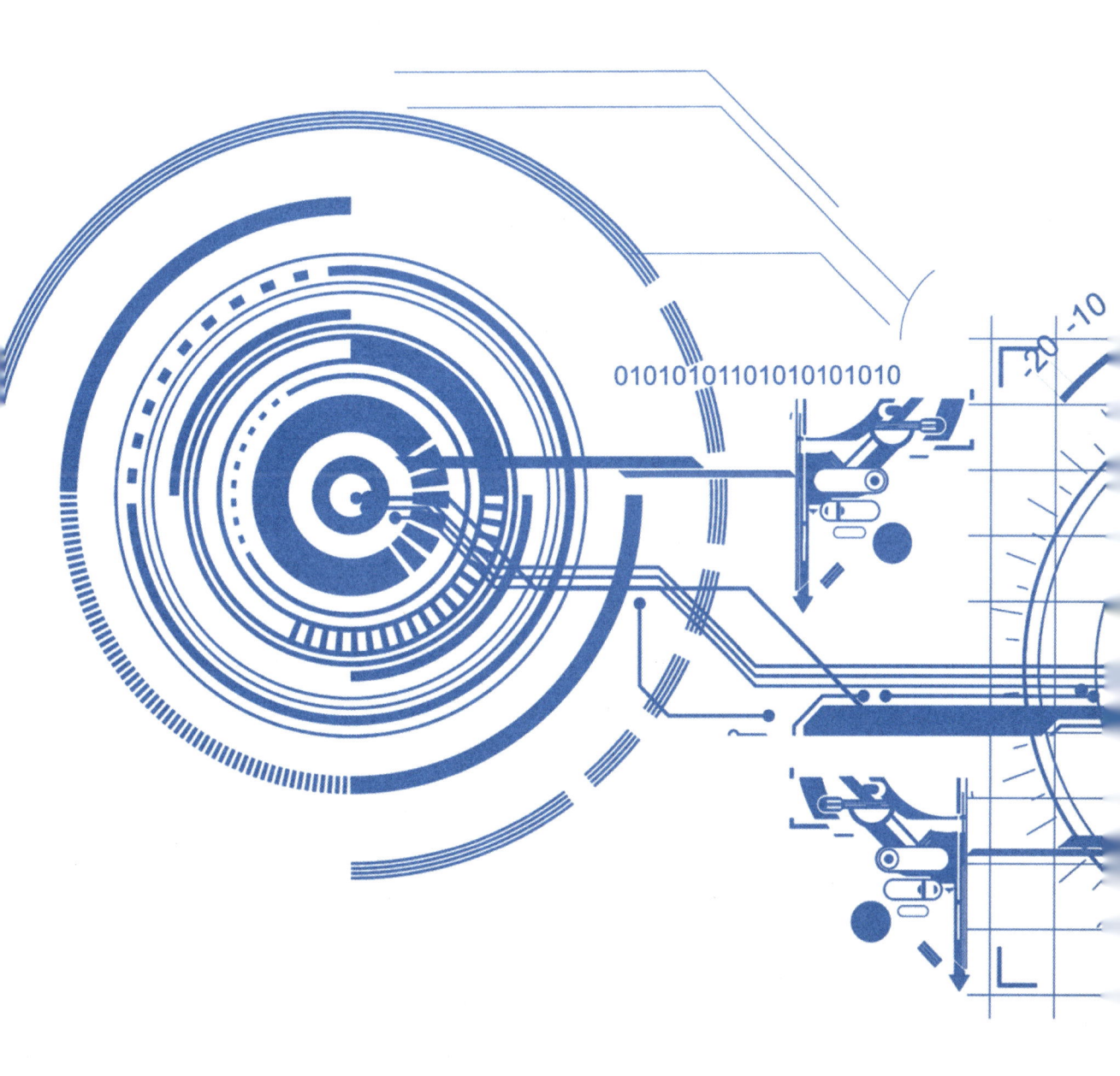

教学要求

知识目标

（1）掌握WPS文字基础使用，熟悉相关按钮的位置。
（2）熟悉WPS文字不同视图方式的应用。
（3）掌握WPS文字的创建、打开、保存、退出等操作。
（4）掌握WPS文字中的字体、段落设置等基础设置。
（5）掌握WPS文字文稿的排版及打印。

技能目标

（1）能够使用WPS文字制作个人简历。
（2）能够使用WPS文字批量制作工资条。
（3）能够使用WPS文字对毕业论文进行排版。
（4）能够使用WPS文字熟练打印文件。

素养目标

（1）强调职业道德与诚信，培养团队协作与沟通的能力。
（2）注重审美与创新，培养批判性思维与独立思考能力。
（3）强调社会责任与担当，培养新时代大学生担当和斗争精神。

教学建议

2.1 WPS文字基础知识	2学时
2.2 WPS文字的文字格式、段落格式、项目符号设置	2学时
2.3 WPS文字的表格、图片、形状和艺术字设置	4学时
2.4 文档排版	4学时
2.5 WPS文字中邮件合并功能的使用	2学时

WPS文字是WPS Office中的一个重要组件。它不仅具有丰富的编辑功能，还提供了各种控制输出格式及打印功能，能满足日常的文字编辑处理需求。本章以5个具体项目实战作为案例，详细讲解了在具体项目中WPS文字文档的创建、编辑、排版和保存等操作，学习本章内容后，读者要能够熟练掌握WPS文字具体知识。

课程思政

Kimi·月之暗面旗下国产大模型

Kimi是北京月之暗面科技有限公司于2023年10月推出的一款智能助手，主要应用场景为对专业学术论文的翻译和理解、对法律问题的辅助分析、对API开发文档的快速理解等，是全球首个支持输入20万汉字的智能助手产品。

2024年3月18日，月之暗面宣布Kimi智能助手启动200万字无损上下文内测，不到半年时间，就在长上下文对话框技术上再次取得突破。截至2024年3月19日，Kimi智能助手累计下载量突破50万次大关。

Kimi主要应用场景为专业学术论文的翻译和理解、辅助分析法律问题、快速理解API开发文档等，是全球首个支持输入20万汉字的智能助手产品，已启动200万字无损上下文内测。

作为人工智能时代的大学生，我们要紧跟时代潮流，积极利用像Kimi这样的人工智能助手，辅助日常工作学习中的文字处理性工作，提升学习工作的效率。

2.1 WPS文字基础知识

2.1.1 Word文件的扩展名

Word文件的扩展名有两种类型，分别为"Doc"和"Docx"。

".doc"是Microsoft Word早期版本的文件格式后缀。

".docx"是Microsoft Word 2007及其以上版本的文件格式后缀。

温馨提示

为了确保最佳兼容性，在WPS Office中使用文档时，要尽量创建或保存文件格式后缀为".docx"的文档。

2.1.2 WPS文字界面布局

WPS文字的工作界面主要包括标签栏、功能区、编辑区、导航窗格和任务窗格、状态栏等部分。

标签栏

标签栏用于标签切换和对话框控制，包括标签区（访问/切换/新建文档、网页、服务）与对话框控制区（切换/缩放/关闭工作对话框、登录/切换/管理账号）。

功能区

功能区承载了各类功能入口，包括功能区选项卡、文件菜单、快速访问工具栏

（默认置于功能区内）、快捷搜索框、协作状态区等。

编辑区

编辑区是文本内容编辑和呈现的主要区域，包括文档页面、标尺、滚动条等。

导航窗格和任务窗格

导航窗格和任务窗格是提供视图导航或高级编辑功能的辅助面板，一般位于编辑界面的两侧，执行特定命令操作时将自动展开显示。

状态栏

状态栏位于对话框的下方，用于显示文档状态和提供视图控制功能。

2.1.3 Word 文件的创建

（1）在桌面或者任意文件夹内鼠标右击会出现以下界面，单击"新建"按钮，选择"DOC文档"或者"DOCX文档"，如图2-1所示。

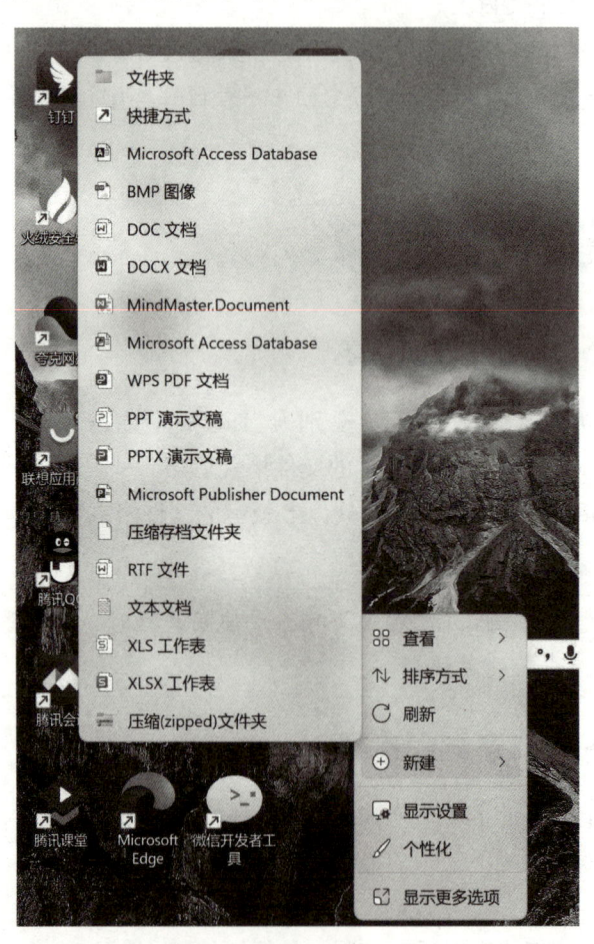

图 2-1 创建Word文字文档

（2）打开WPS Office文字处理软件，单击"新建"按钮，选中"文字"图标。

（3）打开WPS Office文字处理软件，使用Ctrl+N快捷键。

2.1.4 文件的重命名

对于已创建的Word文字文件、Excel表格文件、PPT演示文件、PDF文件的重命名，有以下三种方法。

（1）连续单击文件名称，可以对已创建文件进行重命名操作。

（2）右击选中文件，选择"重命名"选项，对已创建文件进行重命名操作。

（3）在WPS Office文字处理软件中，打开文件，单击"文件"→"另存为"按钮，选择文件的保存路径，并进行重命名操作。

2.1.5 文件的保存

Word文件的保存可使用快捷键Ctrl+S或者单击Word文字文档工作界面右上角的保存图标。

> **温馨提示**
>
> Ctrl+S快捷键是一个通用的保存快捷键，不仅适用于WPS Office中，对于大多数软件都可以用Ctrl+S快捷键对已编辑内容进行保存。

2.1.6 通用快捷键

常用的通用快捷键见表2-1，这些快捷键不仅适用于WPS Office软件，也适用于其他常用软件。

表2-1　通用快捷键

功能	快捷键
新建文件	Ctrl+N
打开文件	Ctrl+O
保存文件	Ctrl+S
复制	Ctrl+C
粘贴	Ctrl+V
撤销	Ctrl+Z
剪切	Ctrl+X
全选	Ctrl+A
查找	Ctrl+F

2.1.7 行、段落的选择

2.1.7.1 选择行

（1）先将光标放至起始位置，按住鼠标左键不放，拖动光标至结束位置，可以对行或者任意位置进行选取。如图 2-2 所示，选中该文档第二行文字内容。

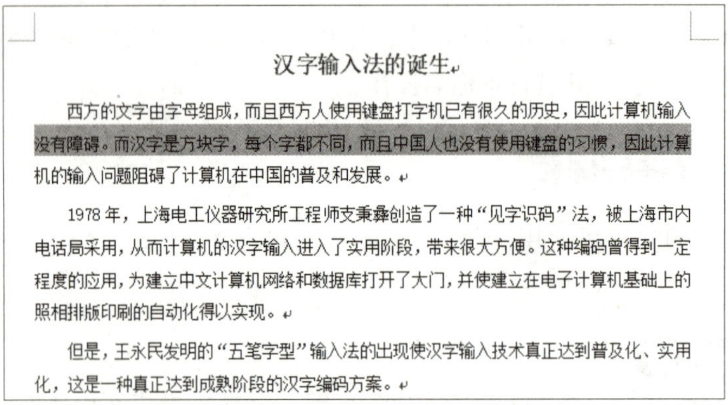
汉字输入法的诞生↵

西方的文字由字母组成，而且西方人使用键盘打字机已有很久的历史，因此计算机输入没有障碍。而汉字是方块字，每个字都不同，而且中国人也没有使用键盘的习惯，因此计算机的输入问题阻碍了计算机在中国的普及和发展。↵

1978 年，上海电工仪器研究所工程师支秉彝创造了一种“见字识码”法，被上海市内电话局采用，从而计算机的汉字输入进入了实用阶段，带来很大方便。这种编码曾得到一定程度的应用，为建立中文计算机网络和数据库打开了大门，并使建立在电子计算机基础上的照相排版印刷的自动化得以实现。↵

但是，王永民发明的“五笔字型”输入法的出现使汉字输入技术真正达到普及化、实用化，这是一种真正达到成熟阶段的汉字编码方案。↵

图 2-2　选中该文档第二行文字内容

（2）将光标放至目标行最前方，当光标变为空心箭头后进行左击，可以选中目标行。如图 2-3 所示，选中该文档第三行文字内容。

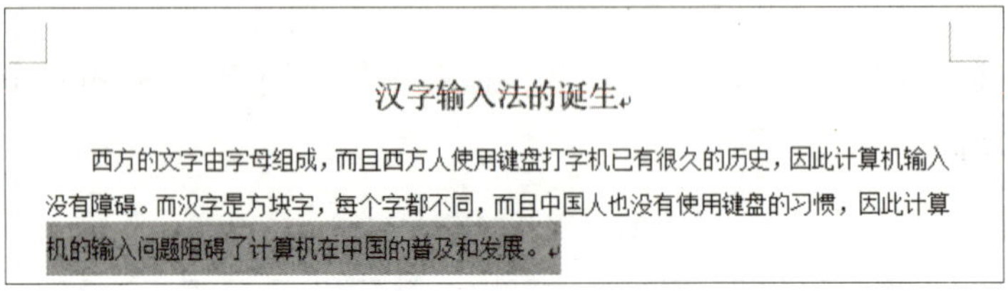
汉字输入法的诞生↵

西方的文字由字母组成，而且西方人使用键盘打字机已有很久的历史，因此计算机输入没有障碍。而汉字是方块字，每个字都不同，而且中国人也没有使用键盘的习惯，因此计算机的输入问题阻碍了计算机在中国的普及和发展。↵

图 2-3　选中该文档第三行文字内容

2.1.7.2 选择段落

（1）将光标放至段落起始位置，按住鼠标左键不放，拖动光标至段落结束位置，可以完成对段落的选取。如图 2-4 所示，选中该文档第二段文字内容。

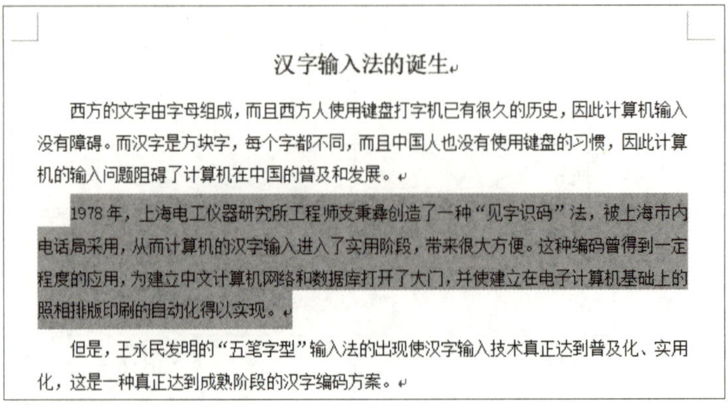
汉字输入法的诞生↵

西方的文字由字母组成，而且西方人使用键盘打字机已有很久的历史，因此计算机输入没有障碍。而汉字是方块字，每个字都不同，而且中国人也没有使用键盘的习惯，因此计算机的输入问题阻碍了计算机在中国的普及和发展。↵

1978 年，上海电工仪器研究所工程师支秉彝创造了一种“见字识码”法，被上海市内电话局采用，从而计算机的汉字输入进入了实用阶段，带来很大方便。这种编码曾得到一定程度的应用，为建立中文计算机网络和数据库打开了大门，并使建立在电子计算机基础上的照相排版印刷的自动化得以实现。↵

但是，王永民发明的“五笔字型”输入法的出现使汉字输入技术真正达到普及化、实用化，这是一种真正达到成熟阶段的汉字编码方案。↵

图 2-4　选中该文档第二段文字内容

（2）将光标移动至目标段落左侧，当光标变为空心箭头后连续左击，可以完成对目标段落的选取。如图 2-5 所示，选中该文档第三段文字内容。

图 2-5　选中该文档第三段文字内容

2.1.8 查找替换

2.1.8.1 查找操作

如果对文档的局部内容进行查找，先选中内容，选择"开始"选项卡，选择"查找替换"选项，单击"查找"按钮，在打开的"查找和替换"对话框中，将查找内容输入文本框，若是需要在整个文档查找可以单击"在以下范围中查找"→"主文档"按钮。

2.1.8.2 替换操作

替换操作是基于查找操作实现的，查找到目标文字内容后才能进行替换操作。

如果对文档的局部内容进行替换，先选中内容，选择"开始"选项卡，选择"查找替换"选项，单击"替换"按钮，在打开的"查找和替换"对话框中，将查找和替换内容分别输入对应文本框，单击"全部替换"按钮，可以将所选区域内的内容进行替换。

实训 2-1

排版"全国统计技术资格考试工作安排通知"文件

请打开随书素材"实训 2-1.docx"文件，对该文件进行编辑、排版和保存，具体要求如下：

（1）将文中所有"统计技术资格"替换为"统计专业技术资格"；将页面上、下、左、右页边距均设置为 20 mm。

（2）将正文标题文字（"关于 2013 年度……工作安排的通知"）设为红色、黑体、小二号字，并居中；将副标题文字（"国家统计局……13：52：39"）设为四号字、居中。

（3）将除"二、考试时间和考试科目"下面的内容（"考试级别……上午9:00—12:00"）以外的所有正文段设置为小四号字，首行缩进2字符，段前间距为0.5行。

（4）将"二、考试时间和考试科目"下面的制表符分割的文本（"考试级别……上午9:00—12:00"）转换为一个表格，并套用样式"主题样式1-强调3"。将表格三个列的列宽均设置为50 mm，表格整体居中。

（5）将表格中的所有文字设置为小五号字，第一行文字加粗、水平居中；将第一列中的第二、第三个单元格，第四、第五单元格分别进行合并，合并后的两个单元格文字均居中对齐。

请将制作好的"实训2-1.docx"文件重命名为"班级+姓名+学号.docx"，例如：23汽修1班+李锐+20230125.docx，并将修改完成的文件提交给任课教师。

2.2 WPS文字的文字格式、段落格式、项目符号设置

2.2.1 文字格式设置

文字格式是文本最基本的格式设置，文字内容分为中文字体和西文字体，中文字体就是生活中我们见到的汉字，常见的西文字体有阿拉伯数字、英文等，在正式的文件排版过程中需要对中文字体和西文字体进行单独排版。

文字格式主要包括字体、字号、字体颜色、字符间距、字形等内容，可在"开始"选项卡的字体功能区中进行设置。如图2-6所示，字体功能区中只是显示了字体格式设置的部分功能，如果需要进行详细设置，可在"字体"对话框中进行。

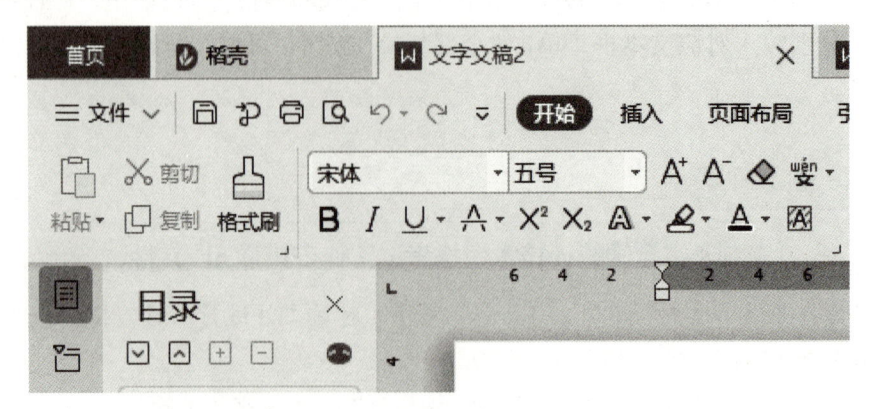

图2-6 文字格式设置

调出"字体"对话框也可以对字体进行设置。单击字体功能区右下角的小三角按钮，打开"字体"对话框，如图2-7所示。

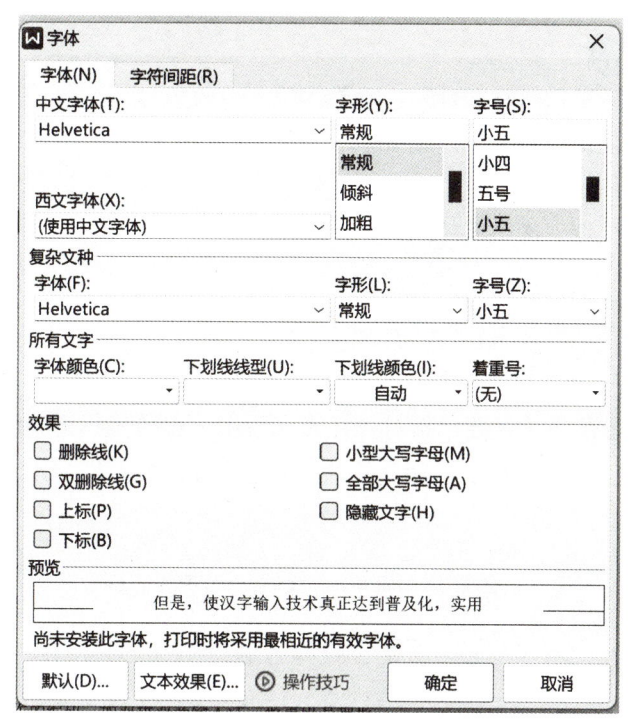

图 2-7 "字体"对话框

在"字体"对话框中，可以进行字符间距的设置，如图 2-8 所示。

图 2-8 设置字符间距

> **温馨提示**
>
> 重点是区别字符间距、行距、段落间距三者的概念。
>
> 字符间距是指文字之间的距离。
>
> 行距是指行之间的距离。
>
> 段落间距是指段落之间的距离。

2.2.2 段落格式设置

段落格式也是文本基本的格式设置，为文档设置段落格式，可以让整个文档看起来更加美观。段落格式主要包括对齐方式、行距、段落间距、缩进等内容。如图 2-9 所示，段落功能区中只是显示了部分常见的段落操作，如需进行详细设置，可在"段落"对话框中设置。

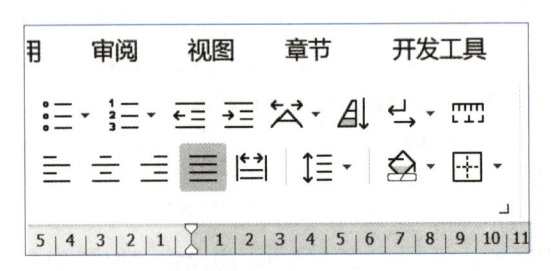

图 2-9　段落格式的设置

打开"段落"对话框也可以对字体进行设置。单击段落功能区右下角小三角按钮，打开"段落"对话框，如图 2-10 所示。

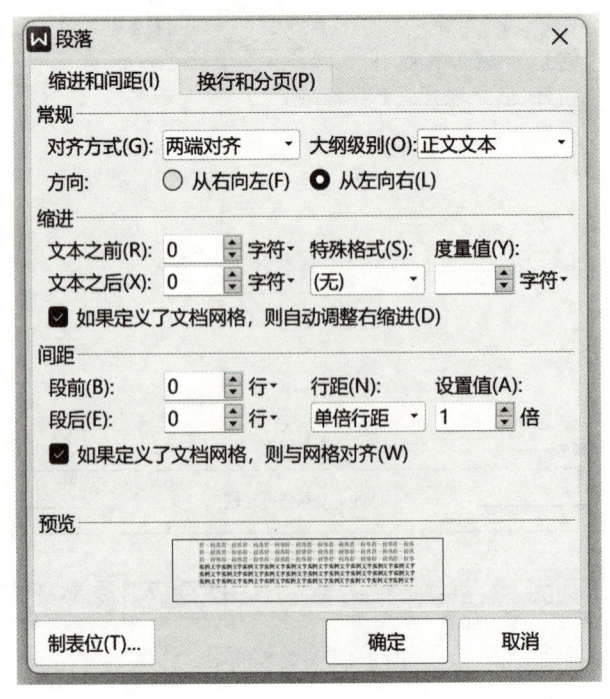

图 2-10　"段落"对话框

在段落格式设置中要重点注意"缩进"栏中的"特殊格式",常见的特殊格式有两种类型,为首行缩进与悬挂缩进。一般首行缩进和悬挂缩进默认缩进两个字符。

2.2.3 项目符号设置

项目符号(也称为列表标记或编号符号)是用于标记列表项目的符号,是帮助读者识别和理解列表内容的工具。项目符号的使用可以提高文本的可读性和组织性。

(1)选中需要添加项目符号的目标段落,或者将光标放至在目标段落的任意位置。通过单击"开始"选项卡→段落功能区中"项目符号"下拉按钮,打开"项目符号"列表,选择合适的预设样式,可以完成项目符号的设置,如图2-11所示。

图2-11 "项目符号"列表

(2)选中需要添加项目符号的目标段落或者将光标放置在目标段落的任意位置。鼠标右击,选择"项目符号和编号"选项,如图2-12所示。

图2-12 选择"项目符号和编号"选项

> **温馨提示**
>
> 项目符号和符号是两种不同的操作,项目符号的设置是针对于段落,即插入到目标段落最前面。而符号的设置是针对于某一个位置,即插入到两个字符中间。

实训 2-2

排版"北京礼物"文章

请打开随书素材"实训 2-2.docx"文件,并对文章进行编辑、排版和保存,要求如下:

(1)删除文中所有的空段,将文中的"北京礼品"替换为"北京礼物"。

(2)将标题"北京礼物Beijing Gifts"设置为小二号字、红色、居中对齐,将其中的中文"北京礼物"设为黑体,英文"Beijing Gifts"设置为英文字体"Arial Black",并仅为英文加圆点型着重号。将考生文件夹下的图片 gift.jpg 插入到标题左侧。

(3)设置正文"来到北京……规范化、高效化的中国礼物"内容设置为蓝色、小四号字,首行缩进 2 字符,段前间距为 0.5 行,行距为 1.5 倍行间距。

(4)将"北京礼物连锁店一览表"作为表格标题,并将其居中,设置为小三号字体、楷体、红色。将表格标题下面的以制表符分割的文本"编号……65288866"转换为一个表格,将该表格外框线设置为蓝色、双细线、0.5 磅,内框线设置为蓝色、单细线 0.75 磅,第一行和第一列分别以"浅绿"色填充。

(5)将表格四列列宽设置分别为 15 mm、45 mm、95 mm、20 mm,所有行高均设置为固定值 8 mm,表格整体居中。将表格第一行文字加粗、靠下居中对齐;第一列编号水平、垂直均居中。

请将制作好的"实训 2-2.docx"文件重命名为"班级+姓名+学号.docx",例如:23 汽修 1 班+李锐+20230125.docx,并将修改完成的文件提交给任课教师。

2.3 WPS文字的表格、图片、形状和艺术字设置

2.3.1 插入和删除表格

2.3.1.1 插入表格

在 WPS 文字中,既可以插入内置型表格,也可以插入内容型表格。

插入内置型表格

（1）将光标放至需要插入表格的位置，单击"插入"选项卡→"表格"下拉按钮，打开"插入表格"列表，选择需要的行列数，即可在文档中插入一个指定行数和列数的表格。此种方法只能完成最多 8 行 24 列表格的插入，如图 2-13 所示。

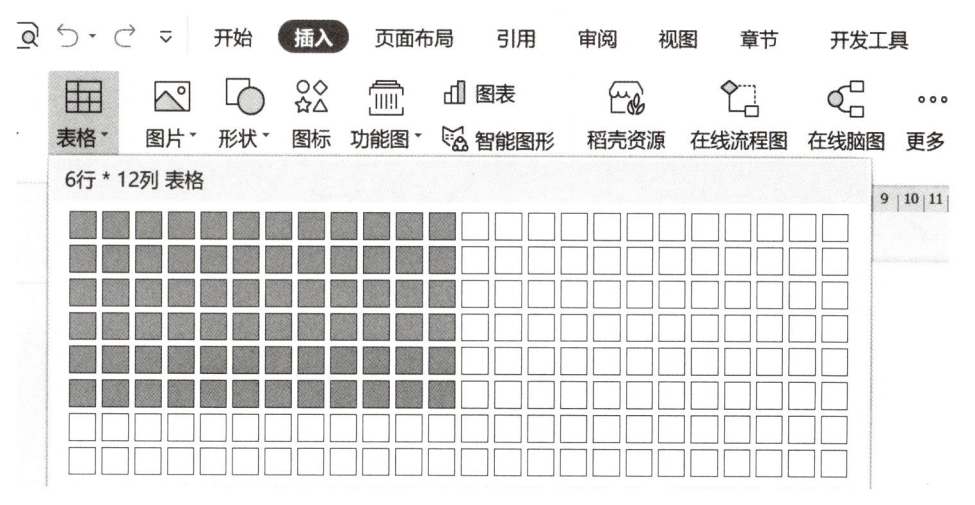

图 2-13 "插入表格"列表

（2）将光标放至需要插入表格的位置，单击"插入"选项卡→"表格"下拉按钮，打开"插入表格"对话框，输入表格的行数与列数，在文档中插入一个指定行数和列数的表格，如图 2-14 所示。

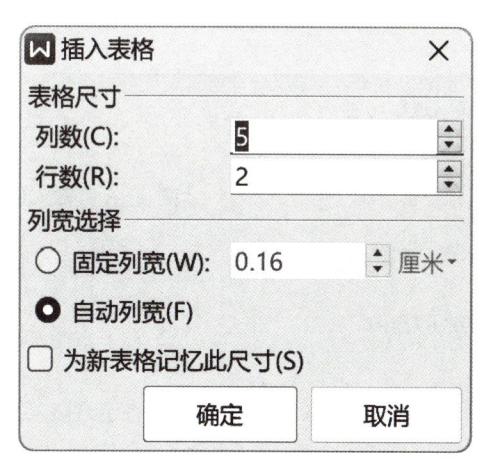

图 2-14 "插入表格"对话框

插入内容型表格

WPS 文字还提供了丰富的表格模板，用户在使用时只需要选择相应的模板就可完成表格插入。

选择"插入"选项卡，选择"表格"选项，在打开的列表中，选择"稻壳内容型表格"选项，单击右上角"其他"按钮，可以根据自己的需求完成相应内容型表格的插入。

2.3.1.2 删除表格

将光标移动至表格区域,在表格左上角会显示一个十字箭头,单击十字箭头全选表格,按下键盘删除键(Backspace)可以删除表格,如图 2-15 所示。

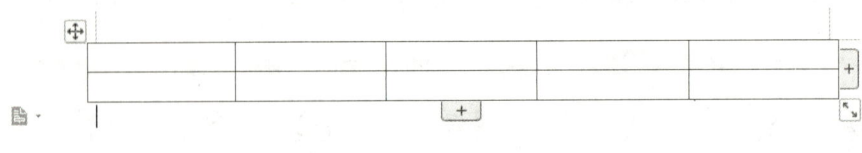

图 2-15 删除表格

2.3.2 表格的基本操作

2.3.2.1 选择行/列

(1)选择行。将光标移动至目标行最前方,当光标变为空心箭头后左击鼠标,即可完成整行数据的选择,对于连续的多行数据可通过拖动鼠标完成。

(2)选择列。将光标移动至目标列最上方,当光标变为实心黑色箭头后左击鼠标,即可完成整行数据的选择,对于连续的多列数据可通过拖动鼠标完成。

2.3.2.2 插入行/列

在第 1 列与第 2 列中间插入一列,将光标定位至第 1 列的任意单元格,鼠标右击,选择"插入"→"在右侧插入列"选项,如图 2-16 所示,即可完成列的插入。行的插入和列的插入的方法相似。

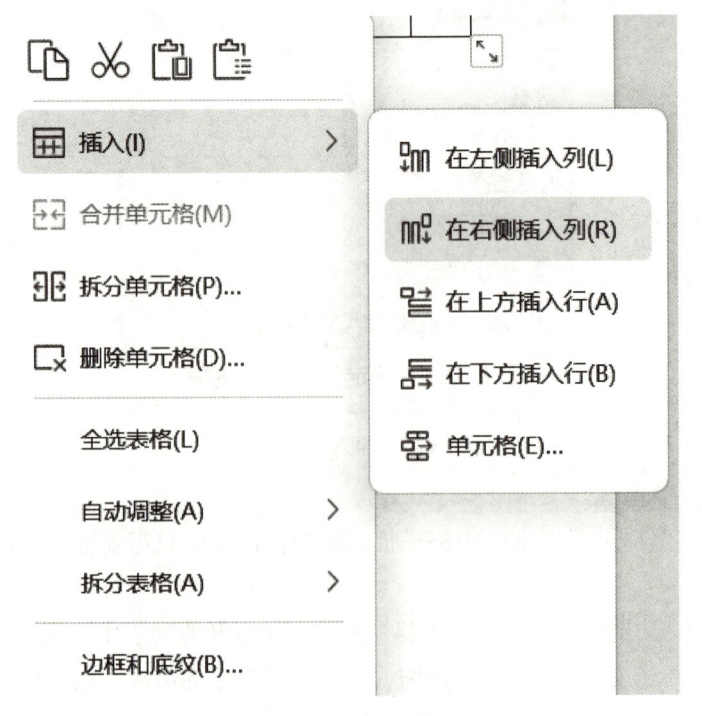

图 2-16 插入列

2.3.2.3 删除行/列

将光标定位至目标行任意单元格，鼠标右击，选择"删除单元格"→"删除整行"选项，即可完成对目标行的删除。删除列的方法可以参考以上操作。

2.3.2.4 调整行高、列宽

（1）单行行高调整。将光标移动至目标行任意位置或选中目标行，选择"表格工具"选项卡，输入设置的数值，即可完成行高的设置。如图 2-17 所示，将行高设置为 0.55 cm。

图 2-17　设置行高

（2）连续多行行高调整。选中连续多行，选择"表格工具"选项卡，输入设置的数值，即可完成行高的设置。如图 2-18 所示，将第 2、3、4 行行高设置为 0.8 cm。

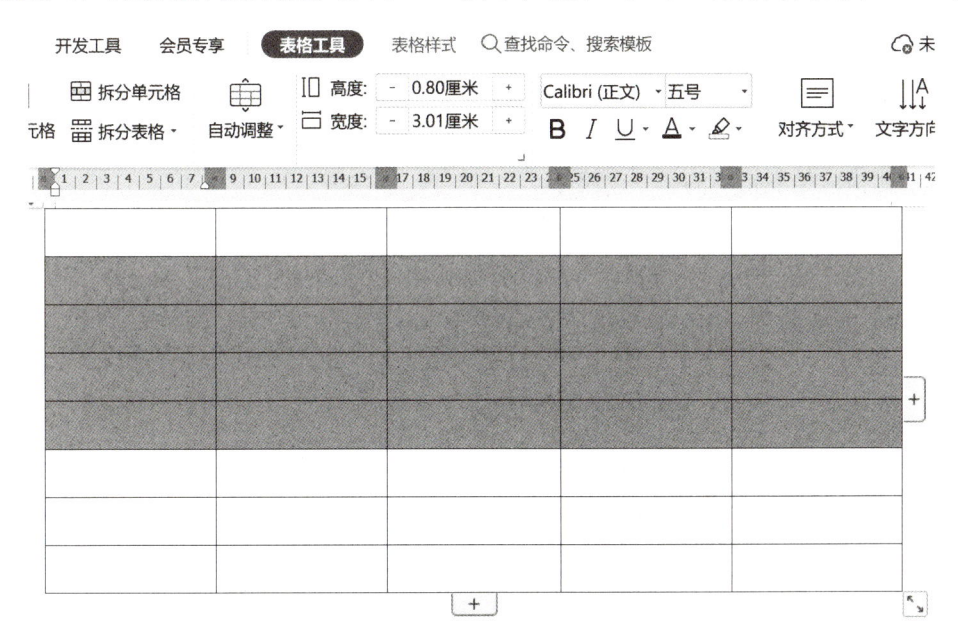

图 2-18　设置第 2、3、4 行行高

（3）单列列宽调整。将光标移动至目标列任意位置或选中目标列，选择"表格工具"选项卡，输入设置的数值，即可完成列宽的设置。如图 2-19 所示，将第 3 列宽设置为 2 cm。

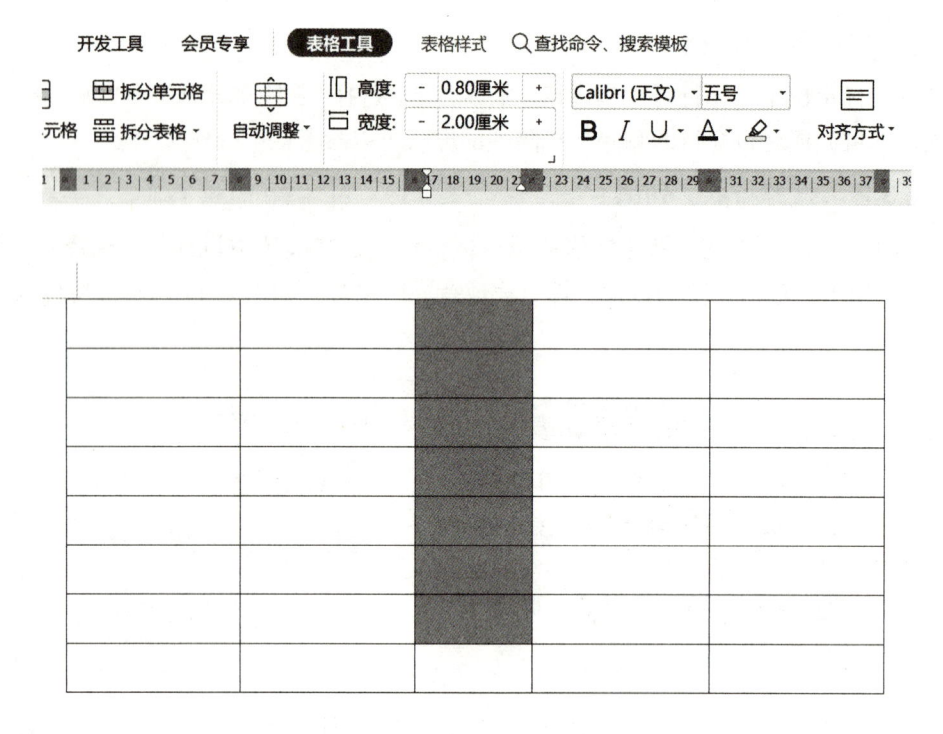

图 2-19　设置第 3 列列宽

（4）连续多列列宽调整。选中连续多列，选择"表格工具"选项卡，输入设置的数值，即可完成目标列宽的设置。

2.3.2.5 单元格的拆分与合并

单元格就是表格中的每一个格子。

（1）拆分单元格。选中要拆分的单元格或者将光标定位至要拆分的单元格中，选择"表格工具"选项卡，选择"拆分单元格"选项或者右击选择"拆分单元格"选项。如图 2-20 所示，将表格目标行单元格拆分为 1 行 2 列。

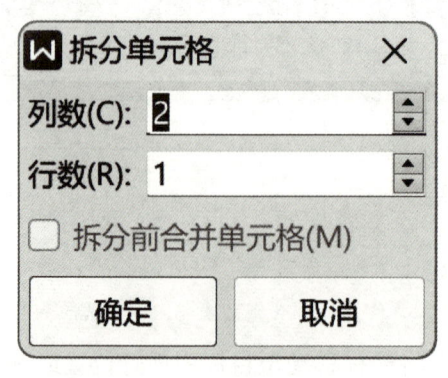

图 2-20　"拆分单元格"对话框

（2）合并单元格。选中需要合并的单元格，在"表格工具"选项卡中选择"合并单元格"选项或者右击选择"合并单元格"选项，即可完成合并单元格操作，如图 2-21 所示。

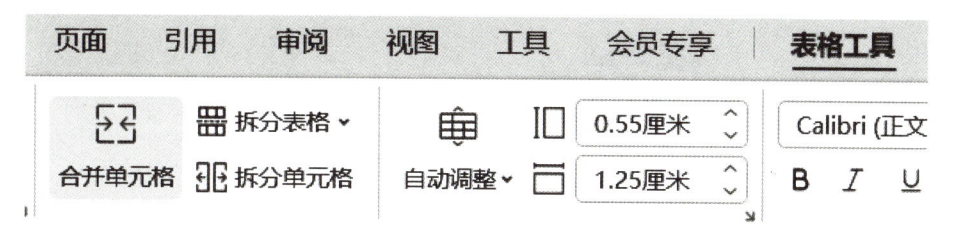

图 2-21　合并单元格

2.3.2.6 拆分表格

拆分表格分为两类，一类是按照行拆分，将表格拆分为上下两个不同的表格，另一类是按列拆分，将表格拆分为左右两个不同的表格。

（1）按行拆分。将光标定位至第4行任意位置，在"表格工具"选项卡中找到"拆分表格"下拉按钮选择"按行拆分"。如图 2-22 所示，将表格从第 3 行和第 4 行中间拆分为两个不同的表格。

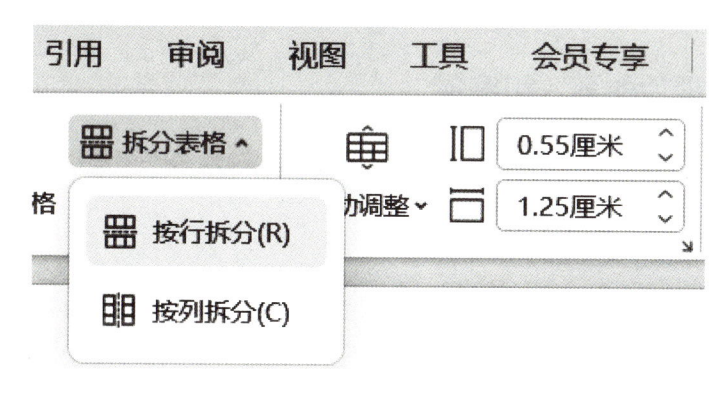

图 2-22　按行拆分

（2）按列拆分。将光标定位至第7列任意位置，在"表格工具"选项卡中找到"拆分表格"下拉按钮选择"按列拆分"。将表格从第 6 列和第 7 列中间拆分为两个不同的表格。

> **温馨提示**
>
> 拆分表格和拆分单元格是两种不同的操作。在学习过程中应熟悉单元格和表格的概念。

2.3.2.7 设置表格属性

在表格属性中可以设置表格中文本的对齐方式、调整行高和列宽。对齐方式分为水平对齐与垂直对齐。水平对齐方式可以分为左对齐、居中对齐、右对齐；垂直对齐方式可以分为顶端对齐、居中对齐、底端对齐。

将光标定位在表格区域，在"表格工具"选项卡中找到"表格属性"选项，在打开的"表格属性"对话框中完成设置操作，如图 2-23 所示。

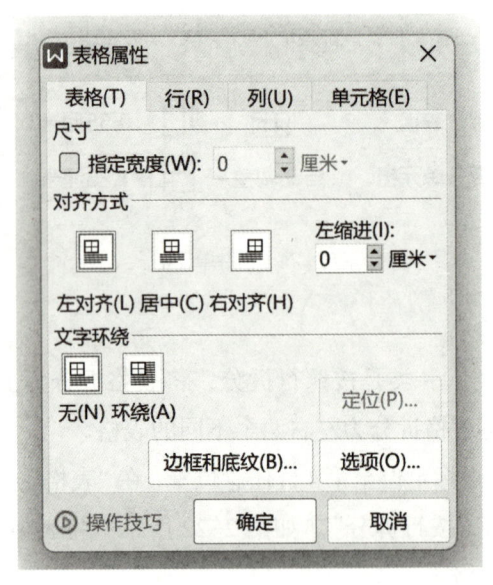

图 2-23 "表格属性"对话框

2.3.3 图片的插入和编辑

WPS文字为用户提供了多种插入图片的方法，例如插入本地图片、手机图片、插入搜索图片等。

2.3.3.1 插入本地图片

在"插入"选项卡中，单击"图片"下拉按钮，打开插入图片的列表，选择"本地图片"选项。

2.3.3.2 插入搜索图片

（1）在"插入"选项卡中，选择"图片"下拉按钮，打开插入图片的列表，找到搜索图片，输入相应的关键字进行搜索，如图 2-24 所示。

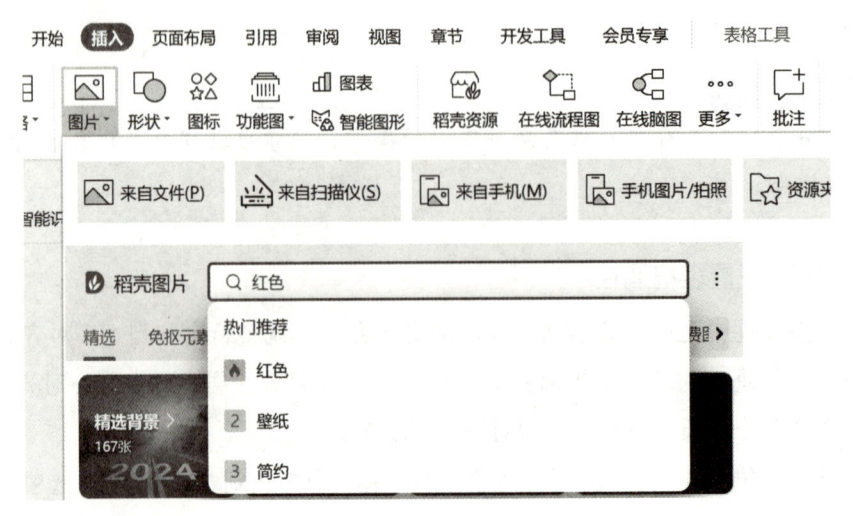

图 2-24 搜索图片

（2）将鼠标放置在目标图片上单击"立即使用"按钮。

2.3.4 图片的编辑

2.3.4.1 图片大小

选中图片，单击右侧任务窗格中的"属性"图标，在任务窗格中选择"图片"选项，单击"裁剪"按钮，对图片长度、宽度、偏移量进行设置，如图 2-25 所示。

选择"图片工具"选项卡，在左上角位置的输入框中输入高度和宽度。

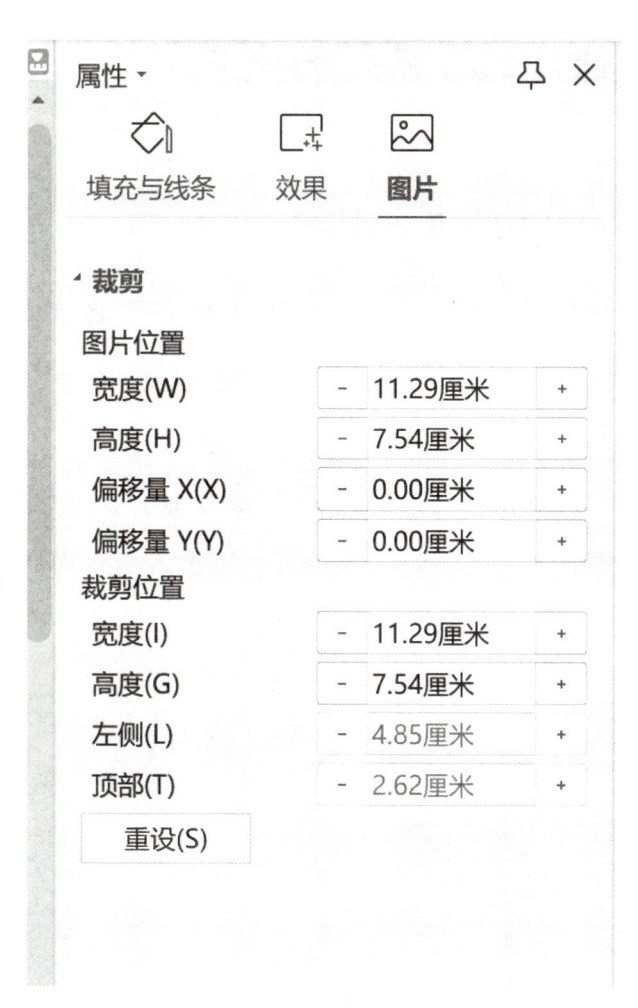

图 2-25　任务窗格中的"图片"选项

2.3.4.2 图片裁剪

图片裁剪分为按形状裁剪和按比例裁剪。

按形状裁剪。

（1）先选中图片，选择"图片工具"选项卡，单击"裁剪"下拉按钮，默认按形状裁剪，如图 2-26 所示。以圆形为例，选中圆形。

图 2-26　按形状裁剪

（2）调整圆形大小和位置，按下键盘的回车键。

按比例裁剪。

（1）选择"图片工具"选项卡，单击"裁剪"下拉按钮，选择按比例裁剪，如图 2-27 所示。

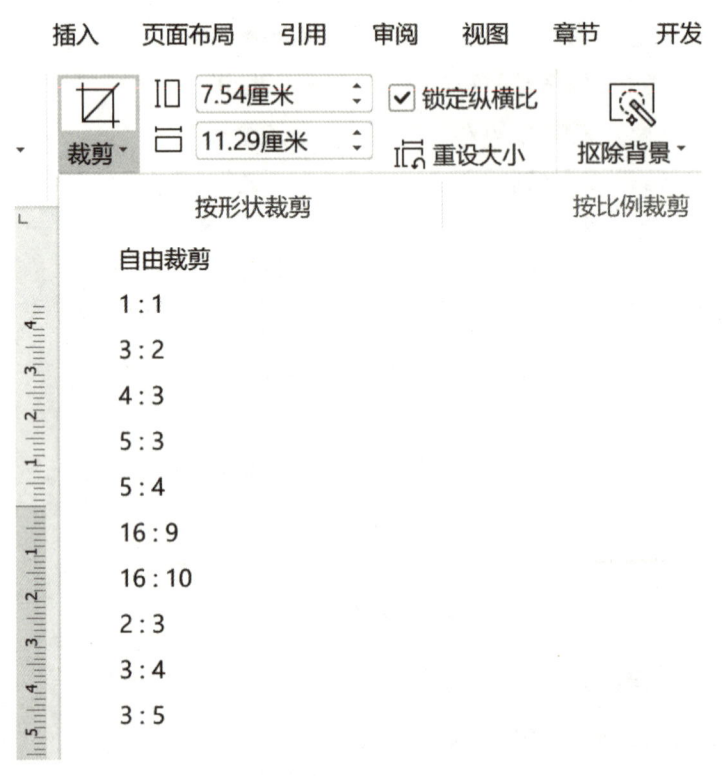

图 2-27　按比例裁剪

（2）拖动虚线框四角的任意位置，调整虚线框大小，如图 2-28 所示。

图 2-28 调整虚线框大小

2.3.4.3 图片布局

（1）选中"图片工具"选项卡，单击"环绕"下拉按钮，选中相应布局选项类型，如图 2-29 所示。

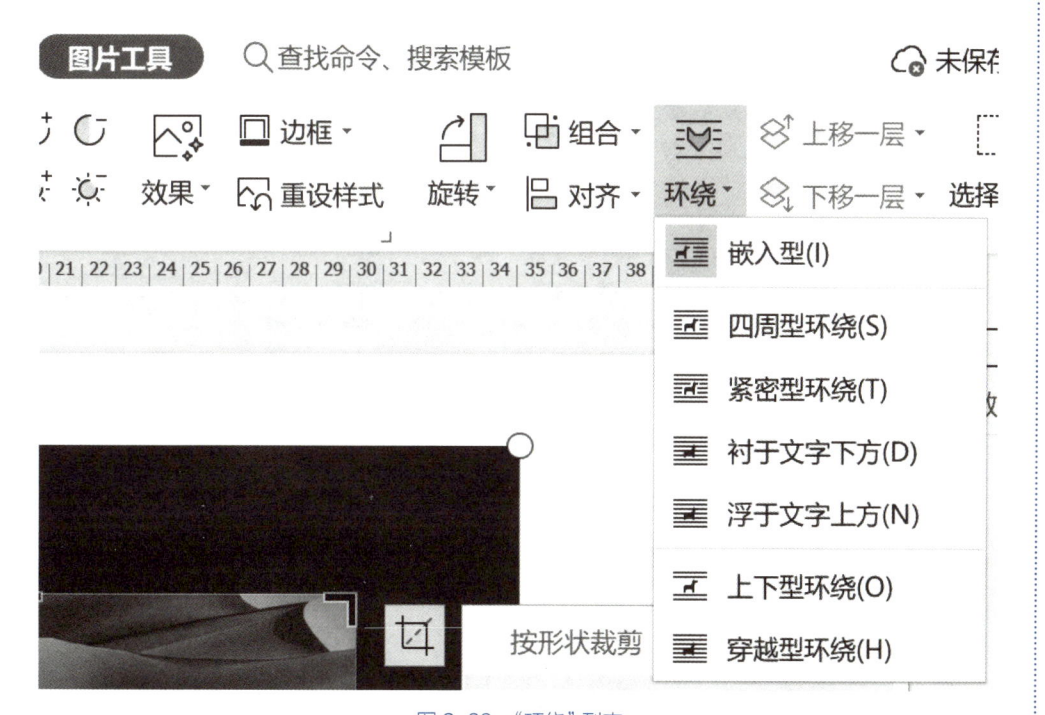

图 2-29 "环绕"列表

（2）选中图片，单击右侧"布局选项"图标，打开"布局选项"窗口，选中相应布局选项类型，如图 2-30 所示。

图 2-30 "布局选项"窗口

2.3.5 形状的插入和编辑

除了使用图片来增加文档的美观性外，还可以使用图形来装饰文档。图形也可以用来制作流程图，将内容有逻辑、有条理地展示出来。

2.3.5.1 绘制形状

WPS 文字为用户提供了线条、矩形、基本形状、箭头总汇、公式形状等 8 种形状类型，用户可以根据需要绘制不同的形状。

选择"插入"选项卡，单击"形状"下拉按钮，在打开的列表中选择一种形状，当光标变为十字形，按住鼠标左键不放并拖动光标，可以完成绘制形状操作，如图 2-31 所示。

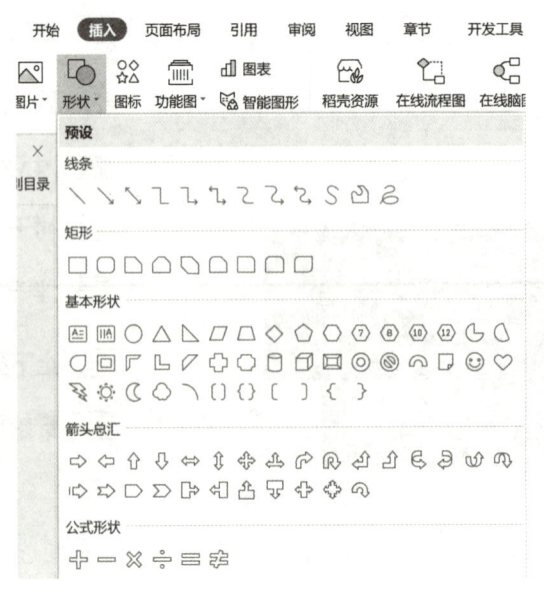

图 2-31 "形状"列表

2.3.5.2 编辑形状

插入形状后,可以将形状更改成其他形状,对形状的顶点进行编辑,任意更改形状。

2.3.5.3 更改形状

选择插入的形状,选择"绘图工具"选项卡,单击"编辑形状"下拉按钮,在打开的列表中选择"更改形状"选项,在打开的菜单中选择其他形状,如图2-32所示。

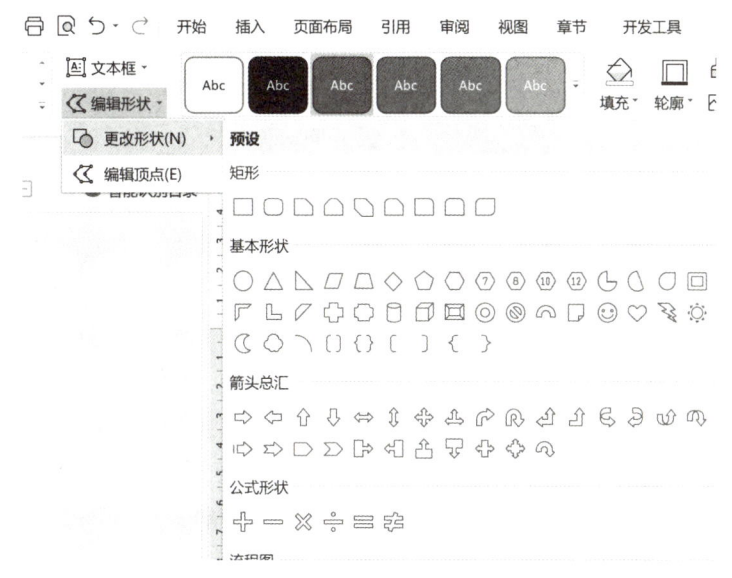

图 2-32 更改形状

2.3.5.4 编辑顶点

选择需要插入的形状,单击"绘图工具"选项卡→"编辑形状"下拉按钮,在打开的列表中选择"编辑顶点"选项,此时形状周围会出现几个黑色小方块,将光标放在黑色小方块上,按住鼠标左键不放,拖动光标,更改顶点位置,同时形状也随之发生变化,如图2-33所示。

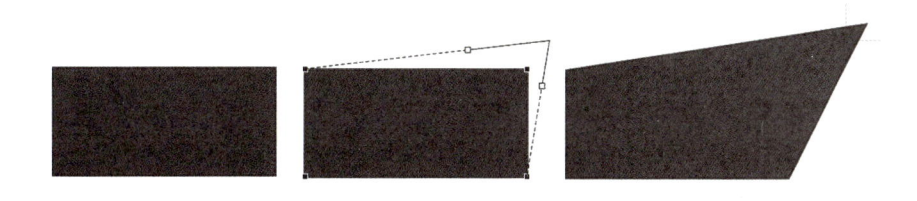

图 2-33 编辑图形顶点

2.3.5.5 在形状中添加内容

如果需要使用形状制作流程图,则需要先在形状中输入内容。

选择需要插入的形状,鼠标右击,在打开的对话框中选择"添加文字"选项,光标会插入到形状中,输入相关内容,如图2-34所示。

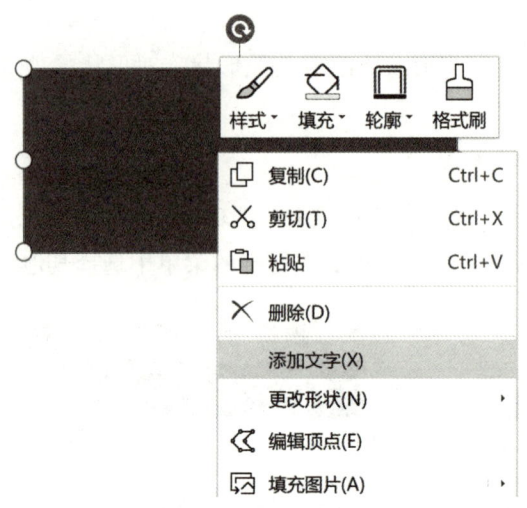

图 2-34 在形状中添加文字

2.3.6 艺术字

在 WPS 文字中使用艺术字表达一些特殊文档内容，不仅可以起到突出文本的作用，而且能够丰富文档页面。

（1）WPS 文字自带了 19 种预设样式，可以通过打开"插入"选项卡，单击"艺术字"下拉按钮，在打开的列表中选择一种预设艺术字样式，如图 2-35 所示。

图 2-35 "艺术字"列表

> **温馨提示**
>
> 将鼠标移动至任意艺术字样式，可以看到该艺术字的相关属性。

选择艺术字样式后，直接在文本框中输入内容，如图 2-36 所示。

图 2-36 艺术字文本框

（2）WPS文字自带了一个丰富的艺术字字库，通过选择艺术字字库中的字体，可以制作出具有装饰性效果的文字。方法为选择"插入"选项卡，单击"艺术字"下拉按钮，在打开的对话框中选择一种预设的艺术字样式。

选择艺术字样式后，直接在文本框中输入内容，如图2-37所示。

图2-37　艺术字体样式

温馨提示

用户也可以通过对文本添加阴影、倒影、发光等效果，设计出自己想要的艺术字样式。

2.3.7　页面设置

新建文档后，一般会对文档的页面进行设置，例如，设置页边距、纸张大小、纸张方向、纸张背景等操作，用户可以将页面设置成稿纸样式。

2.3.7.1　设置页边距

页边距是页面边缘到文字的距离，分为上页边距、下页边距、左页边距、右页边距。

（1）选择"页面布局"选项卡，在左上角页边距功能区直接输入页边距参数，如图2-38所示。

图2-38　设置页边距参数

（2）选择"页面"选项卡，单击"页边距"下拉按钮，选择预设页边距样式或者单击"自定义页边距"按钮进行自定义页边距设置，如图2-39所示。

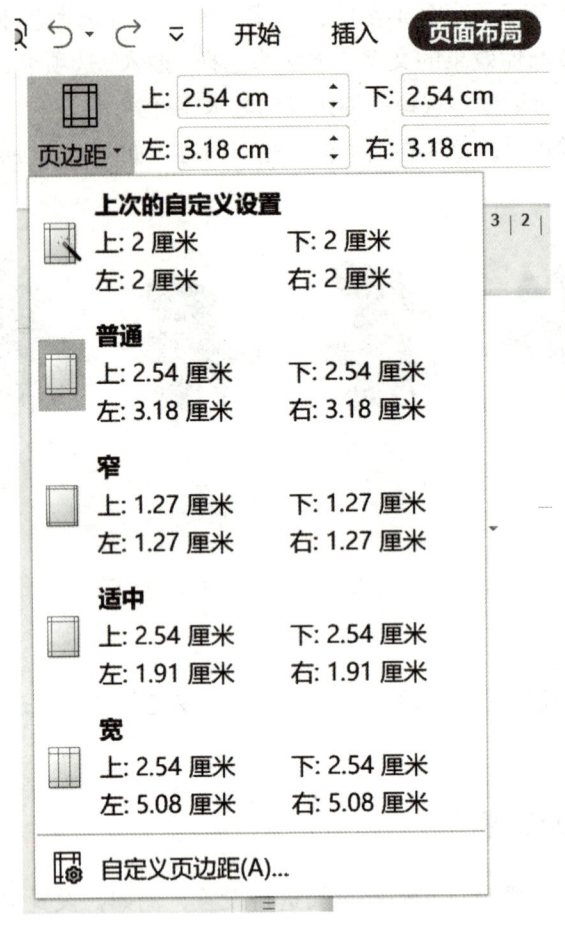

图 2-39　设置页边距

2.3.7.2 设置纸张方向

纸张方向包括"纵向"和"横向",默认为"纵向",用户可以根据需要调整纸张方向。

选择"页面"选项卡,单击"纸张方向"下拉按钮,选择"纵向"或者"横向",如图 2-40 所示。

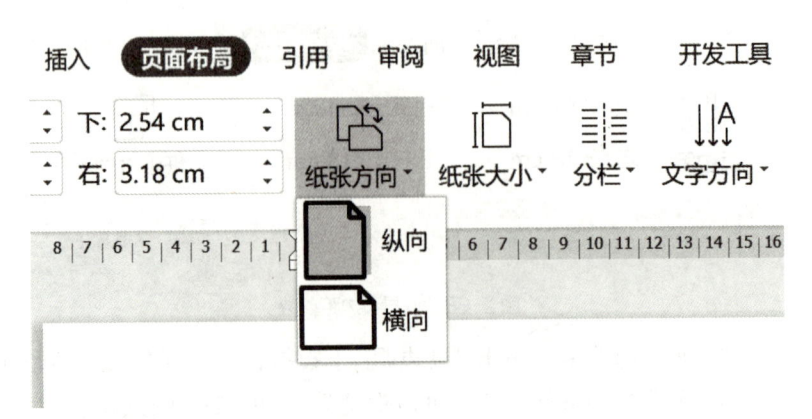

图 2-40　设置纸张方向

2.3.7.3 设置纸张大小

纸张大小就是当前页面的大小，默认是"A4"纸张尺寸，常见的纸张尺寸是"A3"，与考试试卷相同大小，此外，还包括"32开""A1""A2""B4""B5"等常见的纸张尺寸。用户还可以自定义页面的长度和高度。

当需要选择预设页面大小时，选择"页面"选项卡，单击"纸张大小"下拉按钮，选择预设纸张大小类型，如图 2-41 所示。

当自定义纸张大小时，选择"页面"选项卡，单击"纸张大小"下拉按钮，选择"其他页面大小"选项。

2.3.7.4 设置页面背景颜色

页面背景颜色是指当前页面的底色，默认为纯白色，用户在使用过程中也可以根据需要更改页面背景颜色。

选择"页面"选项卡，单击"背景"下拉按钮，在打开的列表中选择想要设置的颜色。

实训 2-3

制作个人简历

请参照本节知识内容，制作个人求职简历。请将制作好的个人简历命名为"班级＋姓名＋学号.docx"，例如：23 汽修 1 班＋李锐＋20230125.docx，并将修改完成的文件提交给任课教师。

图 2-41 "纸张大小"列表

2.4 文档排版

2.4.1 文字样式

文字样式就是字体格式和段落格式的结合，在排版过程中如果遇到对字体格式和段落格式进行重复编排的文字，可以应用文字样式避免对文本进行重复的格式调整。WPS文字默认有5种预设样式，基本满足用户在日常工作中的办公需要，如图2-42所示。

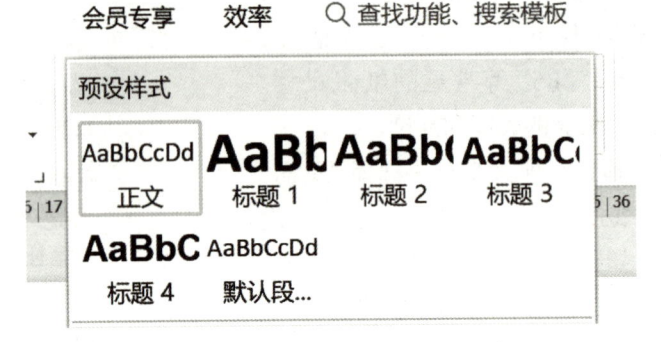

图2-42　WPS文字中的5种预设样式

2.4.1.1　新建样式

（1）选择"开始"选项卡，单击样式功能区的下拉按钮，选择"新建样式"选项，如图2-43所示，打开"新建样式"对话框，可以对新样式的名称、样式类型进行更改，一般只需要更改名称，其余属性保持默认设置，如图2-44所示。

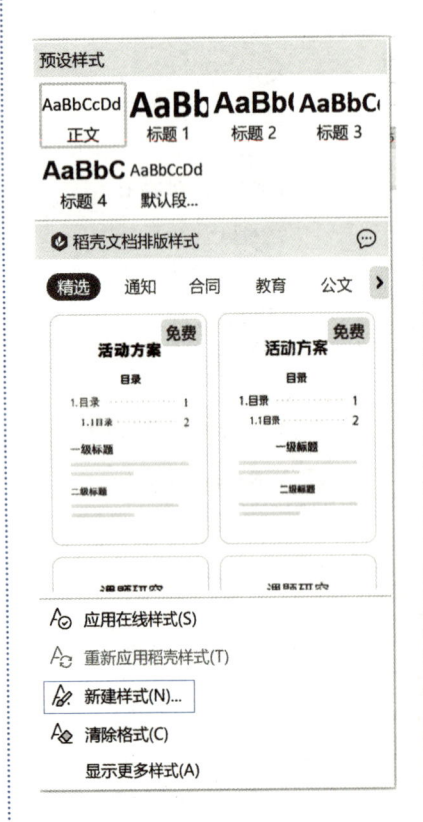

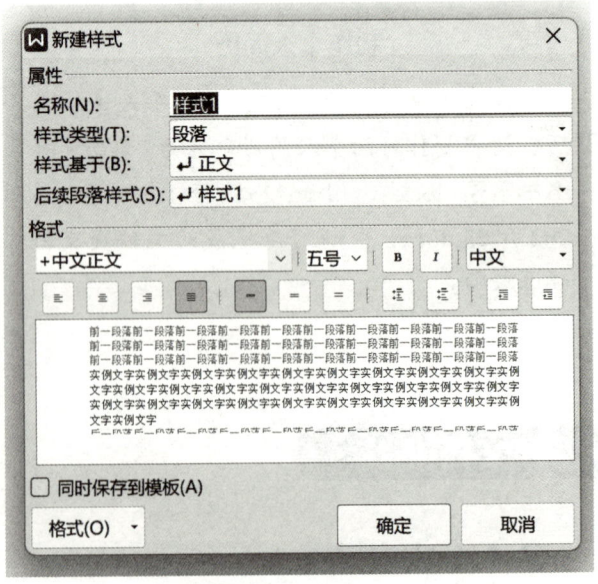

图2-43　新建样式　　　　　　　　图2-44　"新建样式"对话框

在新样式创建完成后，会进行新样式的字体格式和段落格式的设置，单击"格式"下拉按钮，打开"格式"列表，如图2-45所示，选择"字体"选项会打开"字体"

对话框，选择"段落"选项会打开"段落"对话框。

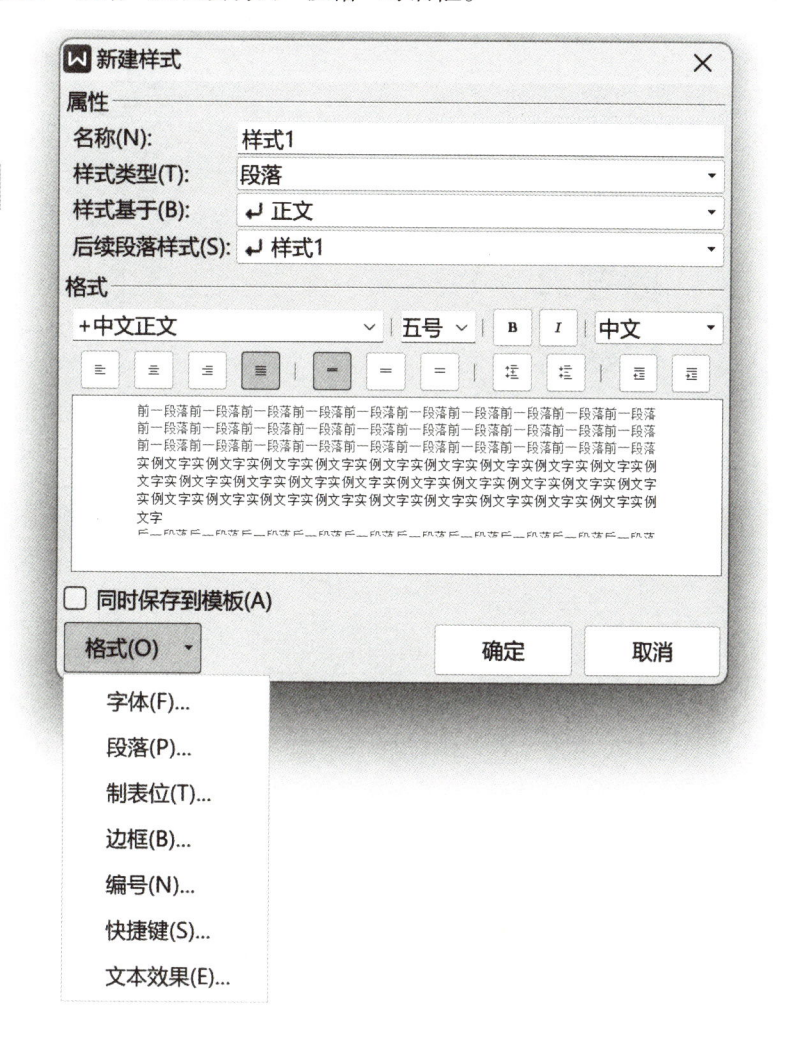

图 2-45 "格式"列表

再次打开"预设样式"窗口，可以看到新建的"样式 1"，如图 2-46 所示。

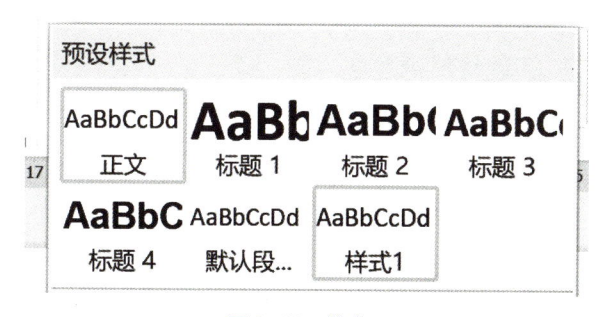

图 2-46 样式 1

（2）单击 Word 文字界面最右侧的"样式和格式"图标，同样可以实现新建样式的操作。一般使用这种方法创建样式和进行样式格式的调整，如图 2-47 所示。

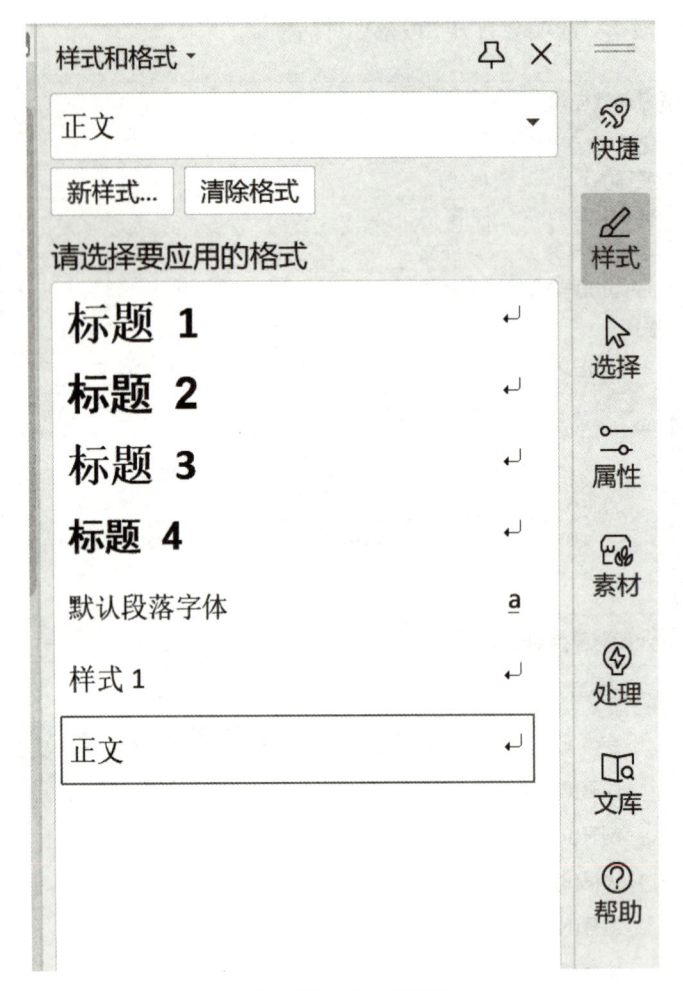

图 2-47　样式和格式

2.4.1.2 编辑样式

单击 Word 文字工作界面右侧任务窗格中的"样式和格式"图标，在对应样式位置单击小箭头按钮→"修改"选项，可以对该样式进行编辑，如图 2-48 所示。

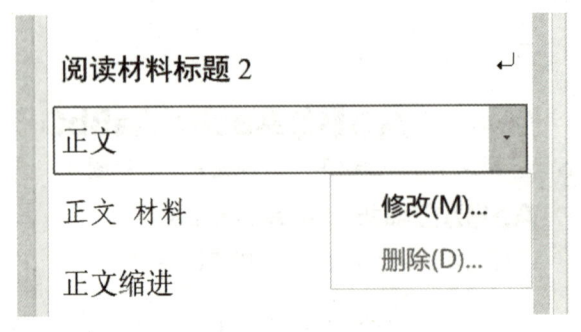

图 2-48　编辑样式

2.4.1.3 应用样式

选中需要更改格式的文本，在任务窗格中选择相应的样式。

2.4.1.4 删除样式

选择"开始"选项卡,单击样式功能区下拉按钮,右击需要删除的样式,选择"删除样式"选项,如图 2-49 所示。

图 2-49 删除样式

2.4.2 编号的添加

2.4.2.1 添加简单编号

选中需要添加编号的文本,选择"开始"选项卡,在段落功能区单击"编号"下拉按钮,选择"选择自定义编号"选项,在弹出的对话框中选择需要添加的编号样式,如图 2-50 所示。

图 2-50 添加简单编号

2.4.2.2 添加多级编号（自动编号）

多级编号的添加一般与标题样式共同使用，实现自动编号，默认"标题1"对应"1级编号"，"标题2"对应"2级编号"，依次类推。红色字体应用"标题1"样式，绿色字体应用"标题2"样式，蓝色字体应用"标题3"样式，并添加1级、2级、3级编号。

（1）先选中红色字体，单击任务窗口中的"标题1"样式，使用相同方法将绿色、蓝色字体应用相应的标题样式。

（2）选中需要添加的标题内容，选择"开始"选项卡→"编号"下拉按钮→"选择自定义编号"选项，在打开的对话框中选中带有"标题"字样的编号样式，如图2-51所示，单击"自定义"按钮，打开"自定义多级编号列表"对话框。

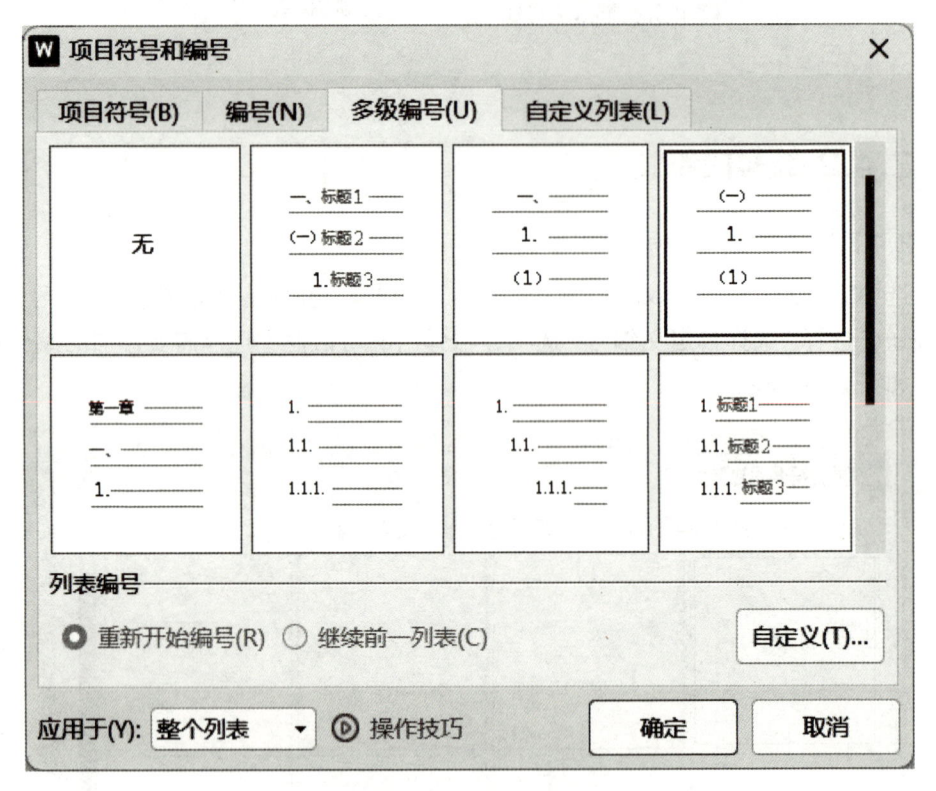

图2-51 选中带有"标题"字样的编号样式

（3）在"自定义多级编号列表"对话框可以修改编号的格式、样式，设置编号的字体属性，也可以修改编号对应的大纲级别（标题样式），如图2-52、图2-53所示。

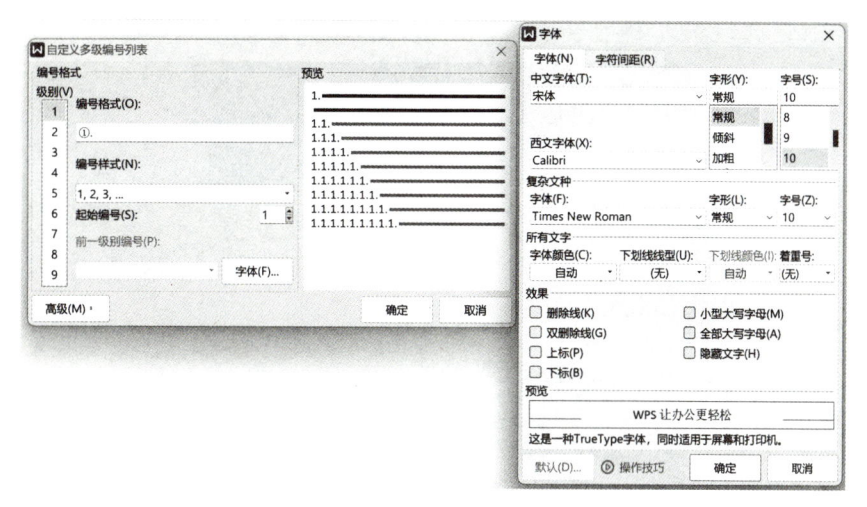

图 2-52　编号字体

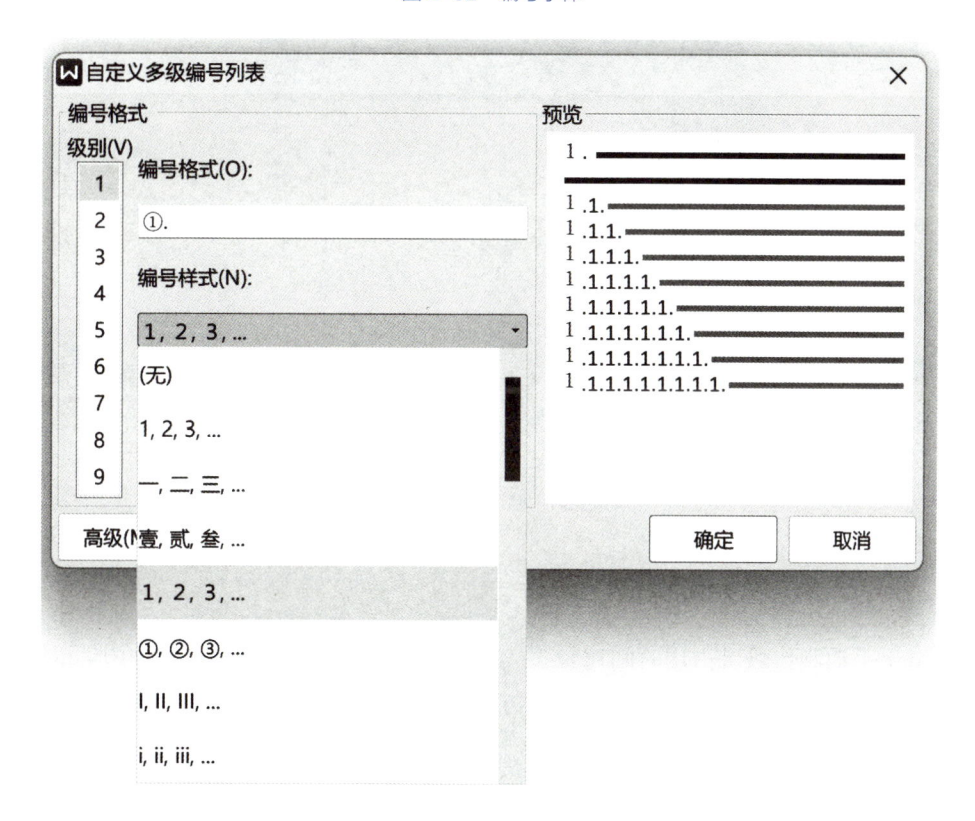

图 2-53　编号格式与样式

（4）设置完成后，单击"确定"按钮即可完成多级编号的自动生成，后续将不用再次添加编号，只需要应用对应的标题样式，Word 文字会自动生成对应级别的编号，如图 2-54 所示。

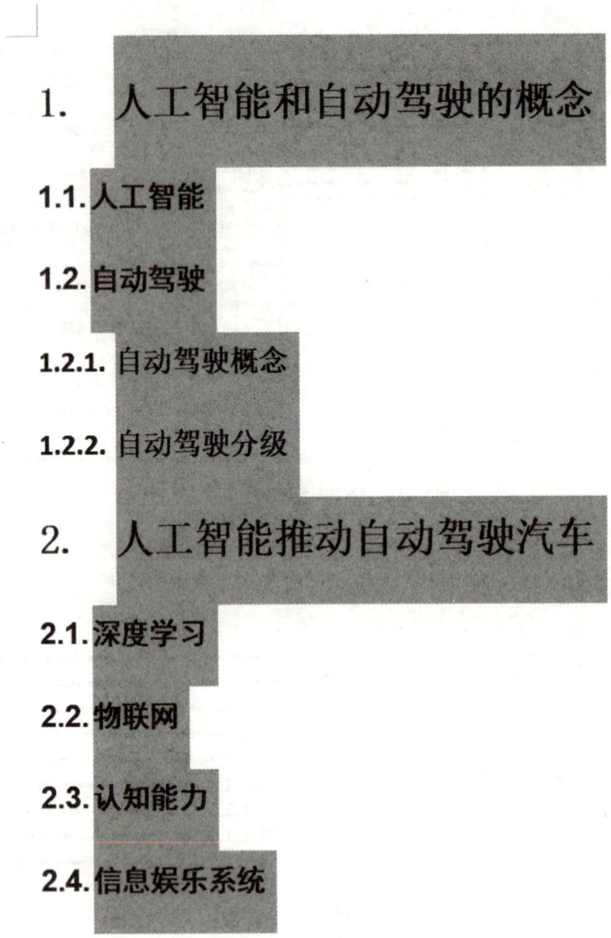

1. 人工智能和自动驾驶的概念
1.1. 人工智能
1.2. 自动驾驶
1.2.1. 自动驾驶概念
1.2.2. 自动驾驶分级
2. 人工智能推动自动驾驶汽车
2.1. 深度学习
2.2. 物联网
2.3. 认知能力
2.4. 信息娱乐系统

图 2-54　自动生成多级编号

2.4.3 目录的制作

由于手动制作目录占用时间比较多，而且容易出错，为了节省文档的排版时间，WPS Office 提供了一种自动生成目录的方法，但自动目录的生成还是依赖标题样式的应用。

2.4.3.1 插入目录

生成自动目录之前必须要完成标题样式的应用和编号的添加。先将光标移动至需要插入目录的位置，选择"引用"选项卡，单击"目录"→"自动目录"按钮，即可插入目录，如图 2-55、图 2-56 所示。

图 2-55　自定义目录

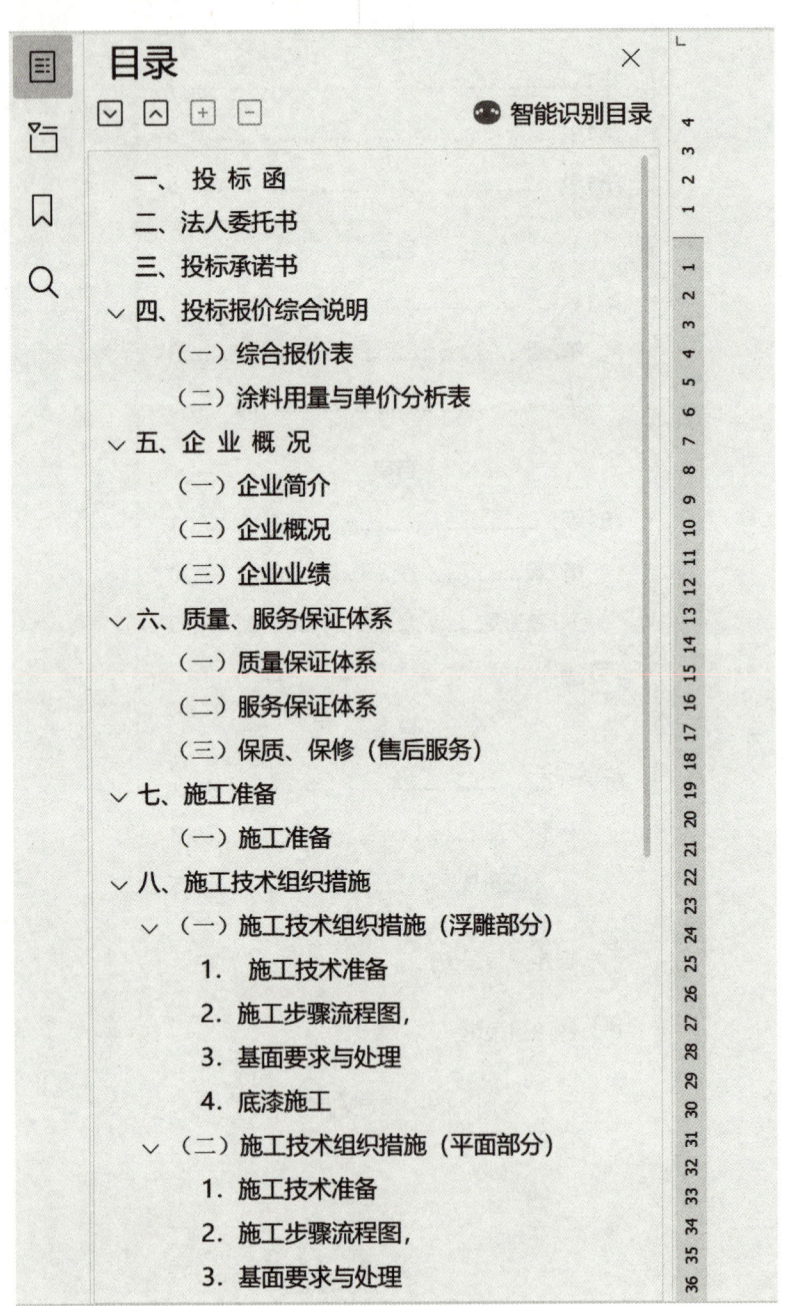

图 2-56　目录效果图

2.4.3.2 更新目录

如果对文档中的标题内容进行了修改，那么目录也需要进行相应地更改。鼠标单击目录任意位置，会弹出"更新目录"按钮。

选择"引用"选项卡→"更新目录"选项，如果页码发生变化，选中"只更新页码"单选按钮，如果标题内容发生变化，选中"更新整个目录"单选按钮，单击"确定"按钮，如图 2-57 所示。

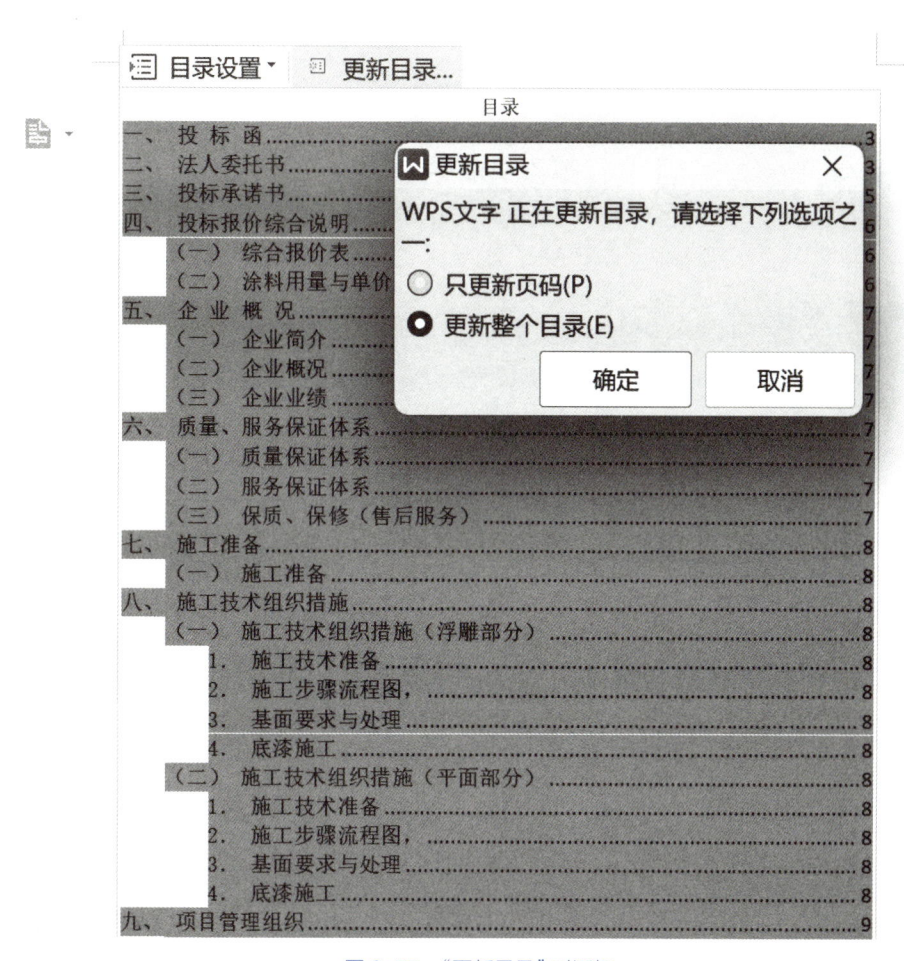

图 2-57 "更新目录"对话框

> **温馨提示**
>
> 可以通过按住键盘 Ctrl 键不放，将鼠标移动至目录位置，光标会变为一个小手形状，左击即可自动跳转到正文对应标题位置。

2.4.4 页眉、页脚、页码

2.4.4.1 插入页眉、页脚

页眉是指电子文档中的每一个页面的顶部区域；页脚是指电子文档中的每一个页面的底部区域，常用于显示文档中的附加信息。

选择"插入"选项卡，单击"页眉页脚"按钮，页眉和页脚随即会处于编辑状态，

只需要将光标插入到页眉或页脚，输入相应的内容即可，如图 2-58、图 2-59 所示。

页眉 - 第 2 节 -　　　　　　　三、投标承诺书　　　　　　　与上一节相同

投 标 承 诺 书

XXXX 年 XX 月 XXX 日

图 2-58　编辑页眉

页脚 - 第 2 节 -　　　　　　　　　　　　　　　　　　　　与上一节相同

图 2-59　编辑页脚

> **温馨提示**
>
> 可以通过连续双击页面上方和页面下方插入页眉和页脚。

2.4.4.2　页眉页脚的编辑

当文档中出现两个相同页眉或页脚时，这时需要将文档分为前后两节，分别对两节设置不同的页眉或页脚。

（1）当用户插入页眉或页脚后，选择"页眉页脚"选项卡，就可以对页眉或页脚进行设置。

（2）当同一个文档出现两个以上的页眉或页脚时，先对文档分节，选择"插入"选项卡，单击"分页"→"下一页分节符"按钮，即可完成分节操作，后插入页眉或页脚，单击"同前节"按钮，可实现对不同节的页眉或页脚设置，WPS 文字默认选中"页眉页脚"选项卡状态，单击"关闭"按钮，即可退出选中状态，如图 2-60 所示。

图 2-60　退出选中状态

（3）当需要设置首页不需要页眉或页脚或者奇偶页页眉或页脚不同的情况时，可以通过选择"页眉页脚"选项卡，选中"首页不同"或者"奇偶页不同"多选框进行设置，单击"确定"按钮完成设置，如图 2-61 所示。

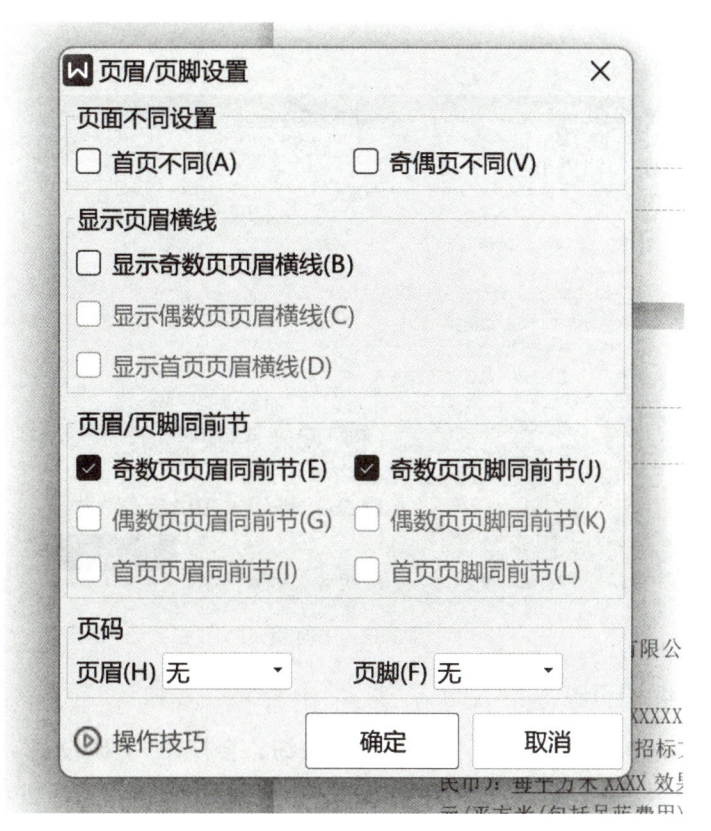

图 2-61　奇偶页不同页眉/页脚设置

（4）在"页眉顶端距离"或"页脚底端距离"对应的输入框中输入数字，即可设置页眉页脚上下边距，如图 2-62 所示。

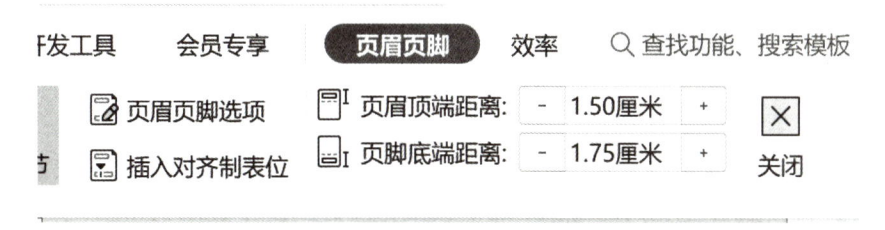

图 2-62　页眉页脚上下边距

2.4.4.3　插入页码

对于长篇文档来说，为了方便浏览和查找，可以通过添加页码实现。常见的页码都是显示在页面下方，也可以将页码插入到页面上方。

（1）选择"插入"选项卡，单击"页码"按钮，选择对应的页码样式即可完成页码插入。

（2）连续双击页面上方或者页面下方，会弹出"插入页码"按钮，如图 2-63 所示。

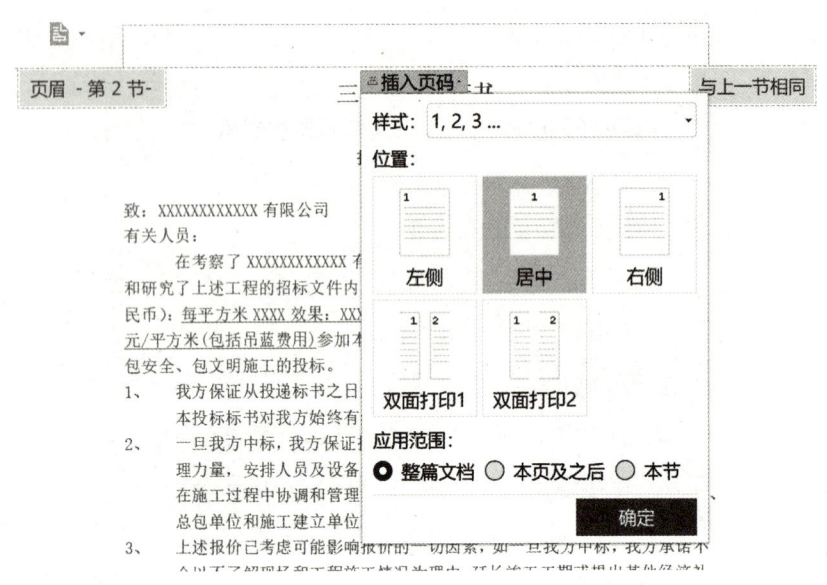

图 2-63 插入页码

2.4.4.4 编辑页码

插入页码后，单击文档中"插入页码"按钮，会打开"页码设置"对话框，在这个对话框中可以对页码的样式、位置以及应用范围进行设置，如图 2-64 所示。

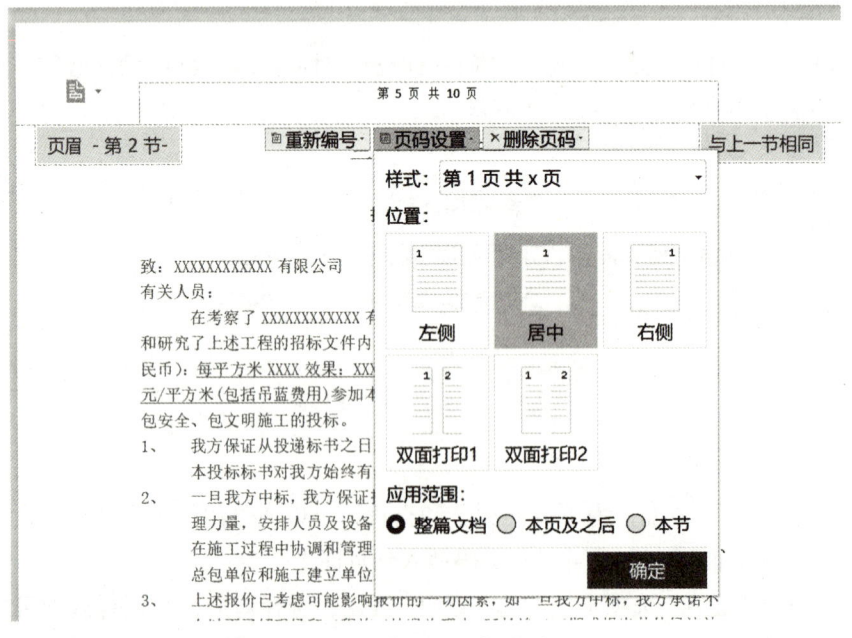

图 2-64 "页码设置"对话框

2.4.5 脚注、尾注、题注插入

2.4.5.1 脚注的插入

先确定要插入脚注的位置，选择"引用"选项卡，单击"插入脚注"按钮，光标会自动移动到当前页面下方，输入插入内容即可。单击"脚注/尾注分隔线"按钮去掉脚注上方的分隔线，如图 2-65 所示。

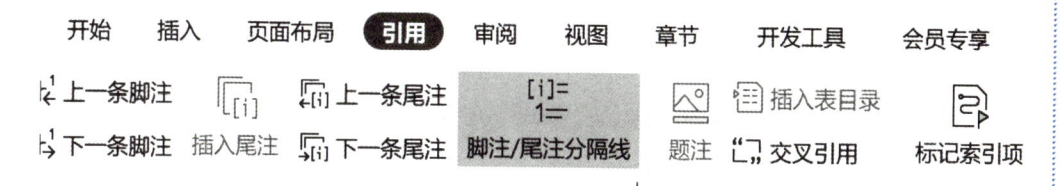

图 2-65　去掉脚注分隔线

2.4.5.2 尾注的插入

先确定要插入尾注的位置，选择"引用"选项卡，单击"插入尾注"按钮，光标会自动移动到整个文档的最下方，输入插入内容即可。单击"脚注/尾注分隔线"按钮去掉尾注上方的分隔线，如图 2-66 所示。

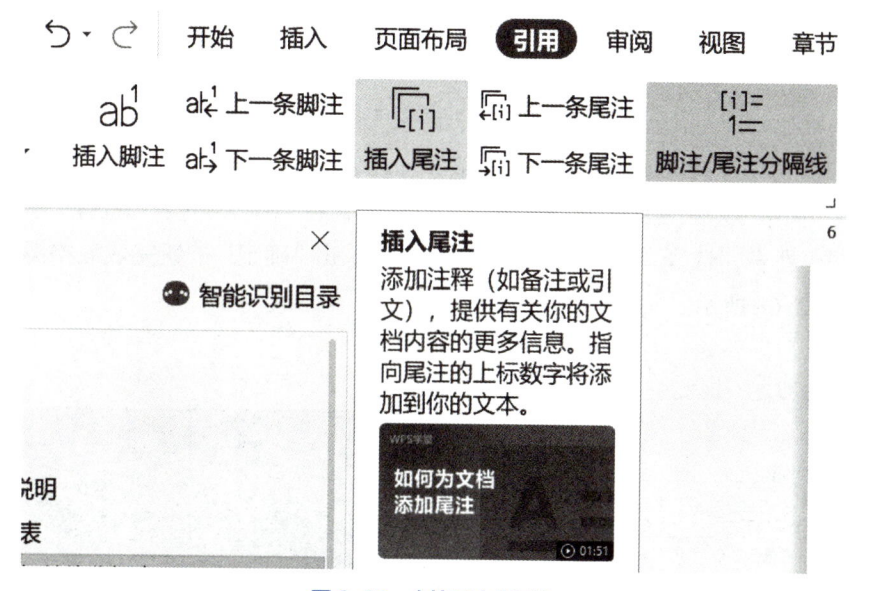

图 2-66　去掉尾注分隔线

> **温馨提示**
>
> 区别脚注与尾注的插入位置。脚注是插入到当前页面的最下方，而尾注是插入到整个文档的最后面。

2.4.5.3 题注的插入

题注是指对图片、表格、图标、公式等对象进行一个说明或者可以理解为为这些对象起一个名字，方便读者阅读文档时对图片等对象的理解。常见的题注有图片题注和表格题注。

（1）图片题注的插入。图片题注一般添加在图片的下方。选中图片，选择"引用"选项卡，单击"题注"按钮，会打开"题注"对话框，在"标签"列表选择"图"；在"位置"列表，选择"所选项目下方"，单击"确定"按钮完成图片题注的添加，如图 2-67 所示。

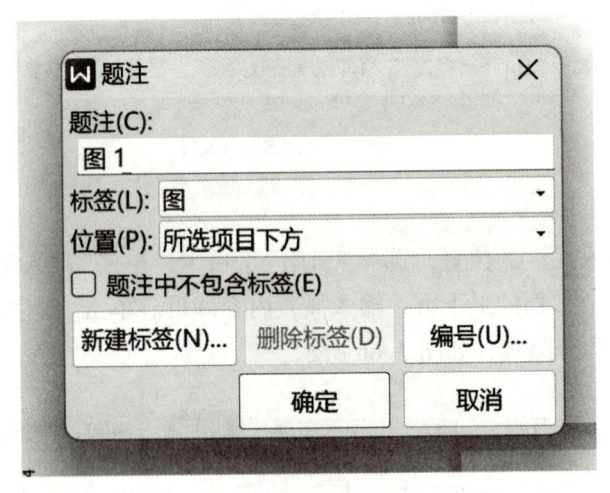

图 2-67 "题注"对话框

（2）表格题注的插入。表格题注一般添加在表格的上方。选中表格，选择"引用"选项卡，单击"题注"按钮，打开"题注"对话框，在"标签"列表，选择"表"选项，在"位置"列表，选择"所选项目上方"选项，单击"确定"按钮完成表格题注的添加，如图 2-68 所示。

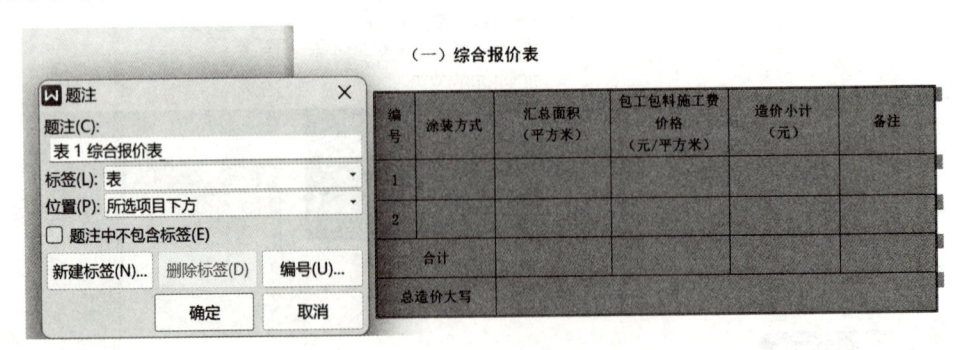

图 2-68 表格题注的插入

> **温馨提示**
>
> 如果不需要在题注中显示"表、图"等字样，可以在插入题注时选中"题注中不包含标签"按钮。

2.4.6 交叉引用的使用

交叉引用是指将文章中出现的内容进行来源标注，这个方法称为交叉应用。引用的类型有图片、标题、编号、页码等。常见的应用场景就是参考文献的引用，其实参考文献的引用是属于编号的一种类型。下面以参考文献的引用为例进行学习。

（1）先确定文档中要引用的文本内容，将光标放至要引用句子的末尾，选择"引用"选项卡，单击"交叉引用"按钮，打开"交叉引用"对话框，在"引用类型"对应的下拉菜单中选择"编号项"选项，在"引用内容"对应的下拉菜单中选择"段落编号"选项，单击"插入"按钮就可以完成引用，如图 2-69 所示。

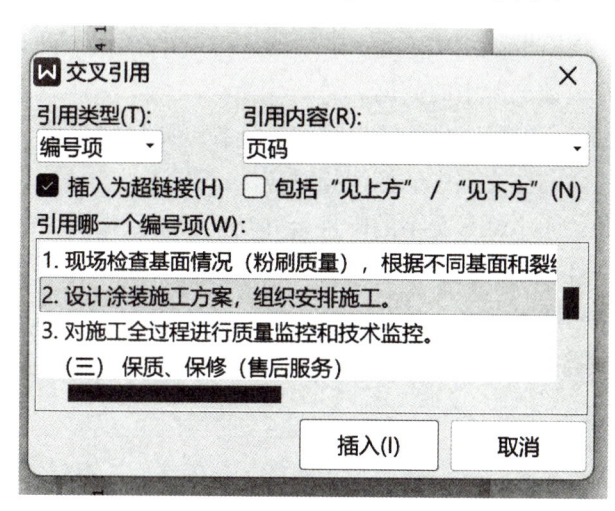

图 2-69 "交叉引用"对话框

（2）引用完成后可以看到在光标插入位置会有编号显示出来。

> **温馨提示**
>
> 按住键盘 Ctrl 键不放，将鼠标移动至光标插入位置，光标会变为一个小手形状，左击可以自动跳转到要引用的编号内容的位置。

实训 2-4

给项目标书文件设置目录

小张是学校总务处的处长助理。现在他需要按要求以随书素材"实训 2-4.docx"为初始模板对一份项目标书文件设置目录，要求如下。

（1）在文章正文前插入"自动目录"，并且单独成页。

（2）要求目录中显示文章前三级标题的文本和页码。

（3）目录标题格式设置为"黑体，三号，居中，段前段后各一行间距"。

将文件"实训 2-4.docx"文件重命名为"班级+姓名+学号.docx"，例如：23 汽修 1 班+李小童+20230125.docx，并将修改完成的文件提交给任课教师。

2.5 WPS文字中邮件合并功能的使用

邮件合并是WPS文字中的一项实用工具，它允许用户从数据库或列表中提取信息，并将其插入到Word文档的指定位置，从而批量生成个性化的文档，如信函、邮件、发票、准考证等。

2.5.1 操作方法

（1）准备数据源：准备一个包含所有合并信息的数据源，数据源可以是一个Excel表格、一个数据库或者是一个文本列表。

（2）创建主文档模板：在WPS文字中创建Word文档模板，将变化的部分留出一定的位置，用来存放数据源中的数据。

（3）选择数据源：在邮件合并的过程中，选择或指定数据源，WPS文字会读取数据源中的信息，并与主文档中的标记相对应。

（4）执行合并：通过WPS文字的邮件合并功能，将数据源中的信息合并到主文档中，生成包含个性化内容的文档。

预览和打印：在打印之前，可以预览文档，确保文档信息内容与格式符合预期。确认无误后，将文档打印出来或者保存为电子文档。

> **温馨提示**
>
> 邮件合并的实质是将数据源（Excel表格、数据库、文本列表）中的数据输入到Word文字中。

邀请函是一种正式的文件，用于邀请个人或组织参加某个会议或晚会。邀请函通常包含会议主题、会议目的、会议时间、会议地点、参会人员、参会方式（如现场参会、在线参会等）、单位名称、地址、联系方式（如电话、邮箱等）、会议议程或其他相关信息。

2.5.2 制作元旦晚会邀请函

假如你是××公司晚会策划人员，现要根据员工名单为每位员工制作一份邀请函，你需要使用WPS文字的邮件合并功能进行操作，制作晚会邀请函。

具体操作步骤如下：

（1）选择"引用"选项卡，单击"邮件"按钮，如图2-70所示。

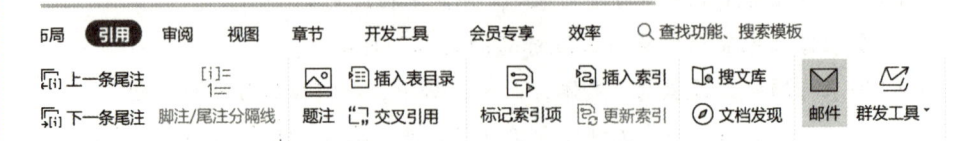

图2-70 "邮件"按钮

（2）单击"打开数据源"按钮，将Excel表格的内容导入到Word文字文档中，如图2-71所示。

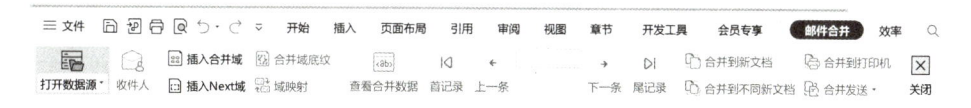

图2-71 打开数据源

> **温馨提示**
>
> 目前WPS Office2023在邮件合并操作时不支持Excel文档类型为".xlsx"类型的文件，只支持".xls"的文件类型。

（3）本次导入的数据源是一个Excel表格，选中Excel表格后，打开"选择表格"对话框，对话框中刚好对应Excel表格中的三个工作表，选择对应的工作表"Sheet1"，单击"确定"按钮完成选择，如图2-72所示。

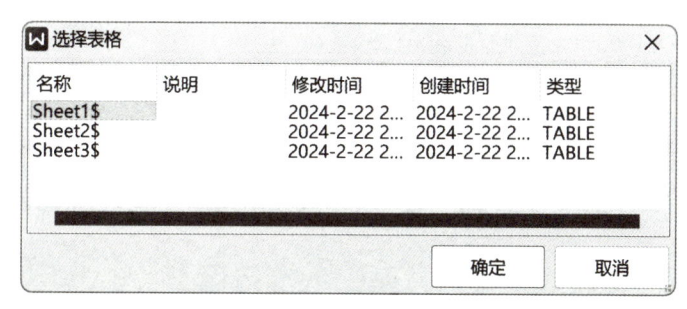

图2-72 "选择表格"对话框

（4）将光标放至要插入数据的位置，单击"插入合并域"按钮，打开"插入域"对话框，如图2-73所示，"插入域"对话框中的4个字段对应于Excel表格中的4列数据。选中"姓名"，单击"插入"按钮，完成将Excel表格中的内容插入到Word文档中的操作。插入完成后单击"取消"按钮，如图2-74所示。

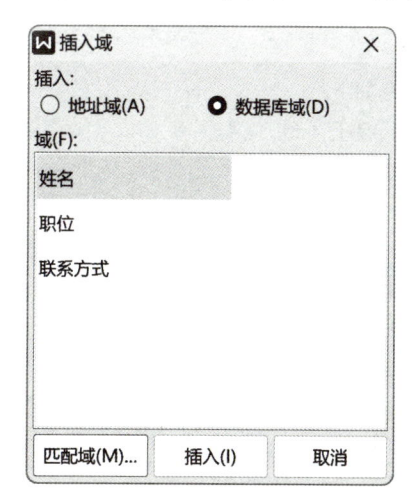

图2-73 插入姓名

元旦晚会邀请函

尊敬的 《姓名》 ：

我谨代表兴兴向荣公司向您发出诚挚的邀请，邀请您参加我们于 2024 年 1 月 1 日在西湖食府举办的元旦晚会。

元旦晚会是我们庆祝新年的传统活动，届时将会有精彩的表演、美味的食物和愉快的交流。我们诚挚地邀请您出席这次盛会，与我们一起迎接新年的到来。

会议详细信息如下：

日期：2024 年 1 月 1 日

地点：西湖食府

时间：20:00

如果您有任何疑问或需要进一步的信息，请随时与我们联系。我们期待着您的光临，共同度过一个难忘的夜晚。

祝您元旦快乐！

单位名称： 兴兴向荣公司

单位地址： 北京市朝阳区天山路 601 号

单位联系方式： 0996-123123

图 2-74 插入"姓名"效果图

单击"查看合并数据"→"上一条""下一条"按钮查看插入后的数据，如图 2-75 所示。

元旦晚会邀请函

尊敬的 张伟 ：

我谨代表兴兴向荣公司向您发出诚挚的邀请，邀请您参加我们于 2024 年 1 月 1 日在西湖食府举办的元旦晚会。

元旦晚会是我们庆祝新年的传统活动，届时将会有精彩的表演、美味的食物和愉快的交流。我们诚挚地邀请您出席这次盛会，与我们一起迎接新年的到来。

会议详细信息如下：

日期：2024 年 1 月 1 日

地点：西湖食府

时间：20:00

如果您有任何疑问或需要进一步的信息，请随时与我们联系。我们期待着您的光临，共同度过一个难忘的夜晚。

祝您元旦快乐！

单位名称： 兴兴向荣公司

单位地址： 北京市朝阳区天山路 601 号

单位联系方式： 0996-123123

图 2-75 张伟的元旦晚会邀请函

单击"合并到新文档"按钮,打开"合并到新文档"对话框,选中"全部"单选框,单击"确定"按钮,如图 2-76 所示,WPS文字会自动生成一个新的Word文档,文档的页数与Excel表格中的数据个数相等,可以为每一个人单独制作一份邀请函,如图 2-77 所示。

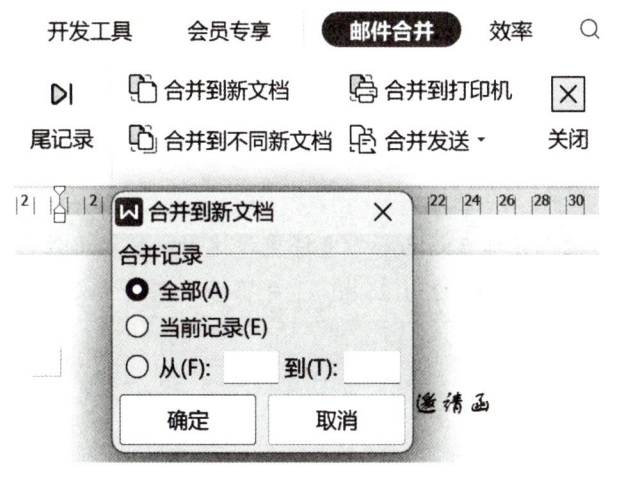

图 2-76 "合并到新文档"对话框

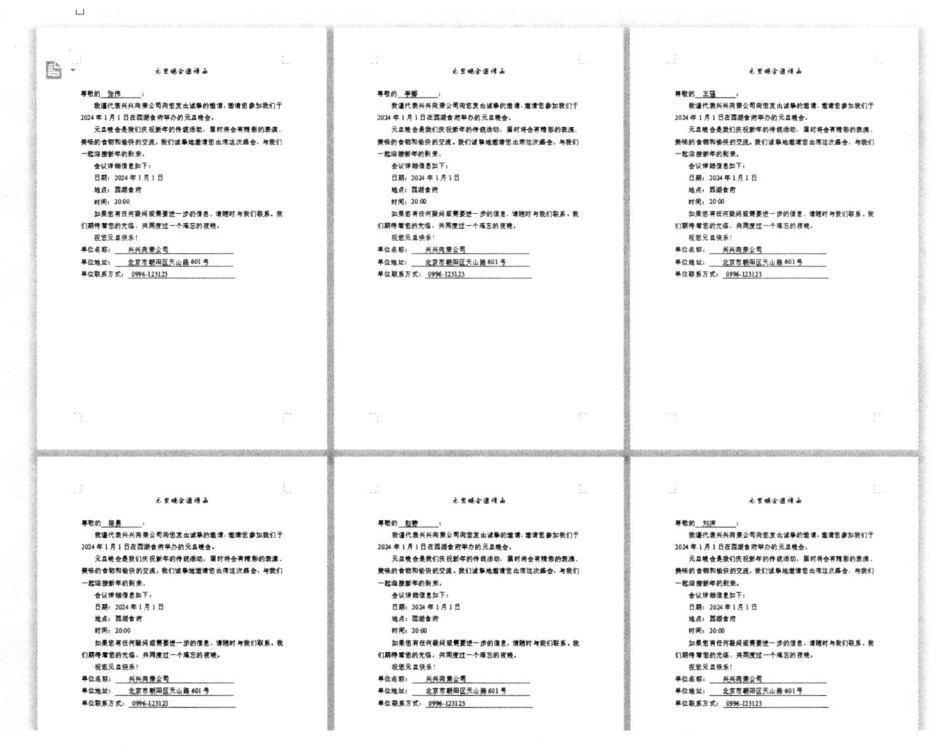

图 2-77 "元旦晚会邀请函"成品图

实训 2-5

批量制作工资条

小明是一所高职院校财务处的职员，每月月底他都要给所有教师发一份工资条，以便大家核对工资明细。

使用随书素材"实训 2-5.docx"和"实训 2-5.xlsx"文件，完成以下操作：

使用 WPS 文字的邮件合并功能，根据源文件"实训 2-5.xlsx"的内容，以"实训 2-5.docx"文件为模版，给每位员工制作工资条，要求每页纸显示 3 条合并记录。

请将制作好的"实训 2-5.docx"文件重命名为"班级+姓名+学号.docx"，例如：23 汽修 1 班+李锐+20230125.docx，并将修改完成的文件提交给任课教师。

知识拓展

（1）WPS 文字中的替换功能是否可以替换文字的格式（颜色、大小等）？
（2）WPS 文字中的替换功能是否可以将文档中的图片统一格式为居中对齐？
（3）使用 WPS 文字的什么功能可以快速制作员工工牌？

任务拓展

请使用 AI 功能生成一篇描写塔里木河风光的 1 000 字左右的文章并使用本章所学知识对文档进行美化。（提示：可使用通义千问、文心一言、Kimi 等在线 AI 工具）

思考与练习

复习思考

（1）WPS 文字中有哪些途径可以快速对字体进行设置？
（2）WPS 文字中有哪些方式可以快速对段落进行设置？
（3）WPS 文字中，制表符功能有哪些经常使用的场景？

第 3 章

WPS 演示文稿

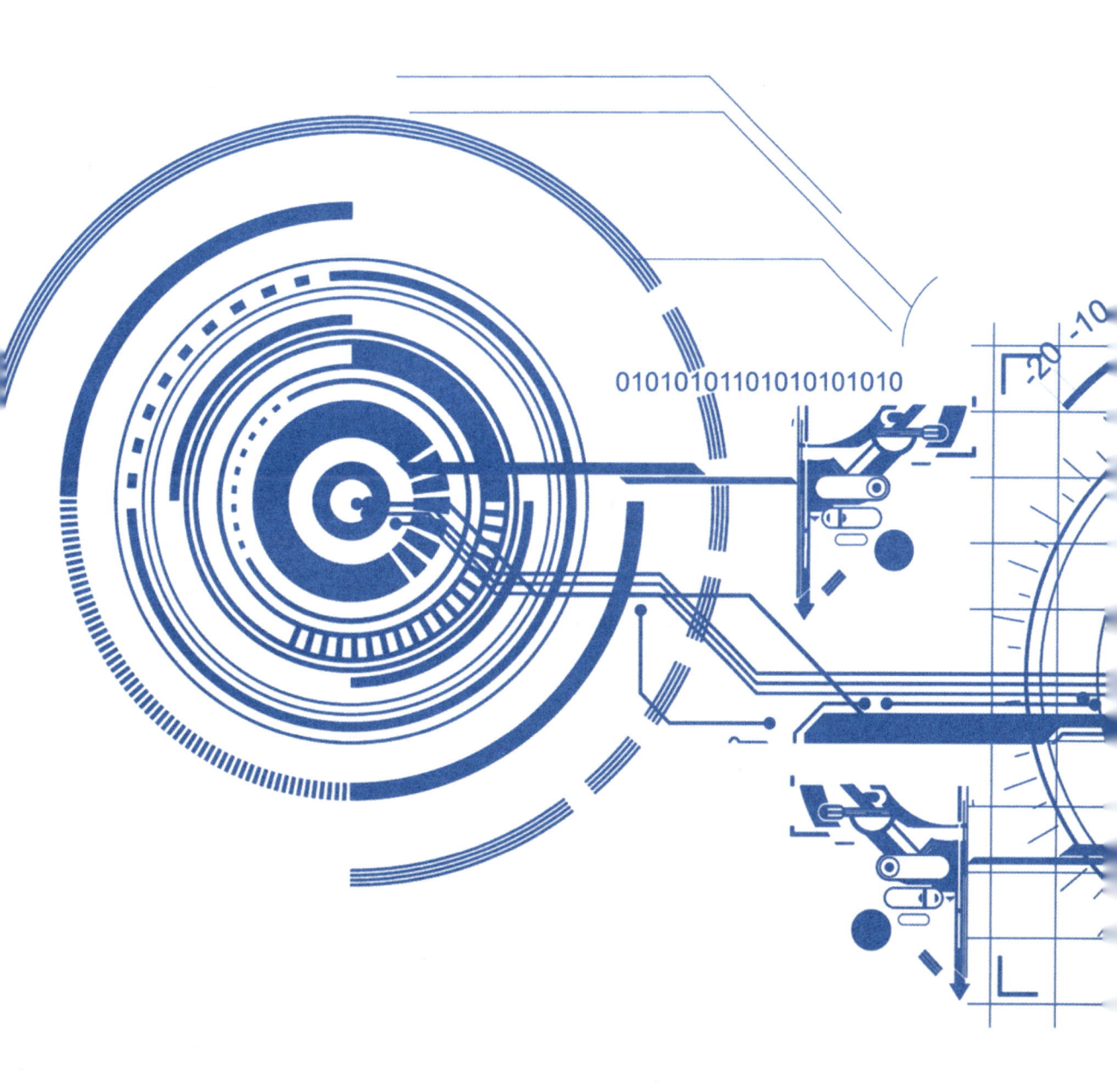

教学要求

知识目标

（1）掌握演示文稿的应用场景，熟悉相关工具的操作。
（2）熟悉演示文稿不同视图方式的应用。
（3）掌握演示文稿的创建、打开、保存、退出等操作。
（4）掌握幻灯片的创建、复制、删除、移动等操作。
（5）掌握幻灯片动画设置。
（6）了解幻灯片的放映类型。
（7）掌握幻灯片的导出及打印。

技能目标

（1）能够使用WPS演示制作演示文稿。
（2）能够对演示文稿进行修饰与美化。
（3）能够给演示文稿进行动画设置。
（4）能够正确放映文稿。

素养目标

（1）强调职业道德，培养团队沟通与协作能力。
（2）注重审美与创新，培养逻辑思维与独立思考能力。
（3）强调社会责任与个人担当，培养新时代学生敢于担当和斗争精神。

教学建议

3.1 认识WPS演示稿	1学时
3.2 演示文稿的基本操作	2学时
3.3 演示文稿的编辑与修饰	4学时
3.4 演示文稿的动画设置	2学时
3.5 演示文稿的放映	2学时
3.6 演示文稿的定稿	1学时
3.7 夯实演示文稿制作技能基础	2学时

本章介绍WPS演示文稿，WPS演示文稿是WPS Office的重要组件之一，是一个功能很强大的演示文稿制作与播放的工具。它可以制作出包括文字、图片、视频等多种内容的演示文稿（也叫PPT）并将其展示给观众，演示文稿广泛用于工作汇报、产品介绍、学术交流、教育教学等场景，覆盖各个领域。本章将讲解演示文稿的基本操作以及在演示文稿中如何丰富各类元素等知识，帮助读者快速掌握演示文稿的制作方法。

课程思政

仓颉编程语言

仓颉编程语言是华为公司启动的由南京大学计算机科学与技术系冯新宇教授担任首席架构师，旨在研发一款面向全场景应用开发的现代编程语言。它于2024年6月21日正式开启了开发者预览。作为华为自主研发具有完全自主知识产权的一款编程语言具有多范式编程、语法简洁高效、类型安全、类型推导、内存安全、高效并发、跨语言互操作、领域易扩展、标准库功能丰富、原生智能等特点。

中国工商银行推出了基于鸿蒙操作系统的原生应用，并创新性地运用仓颉语言开发了"收支日历"这一全新功能。力扣（LeetCode）鸿蒙原生应用是首个使用仓颉语言全量端到端开发的鸿蒙应用。科蓝鸿蒙TEE环境PKI架构增强型多因素身份认证组件使用仓颉语言开发，并获得了国家金融科技认证中心颁发的认证证书。

仓颉编程语言是一项伟大的成就，终结了中国人没有自主编程语言的历史现状，它不仅是中国打破国外技术封锁、自主科技进步的象征，还是中国人民智慧和努力的结晶。

3.1 认识WPS演示文稿

讨论：WPS演示文稿和WPS文字二者有什么相同之处和不同之处呢？

3.1.1 WPS演示文稿的界面布局

WPS演示文稿的操作界面与WPS文字、WPS表格相似，包含标签栏、功能区、导航窗格、任务窗格、编辑区、状态栏六部分，如图3-1所示。

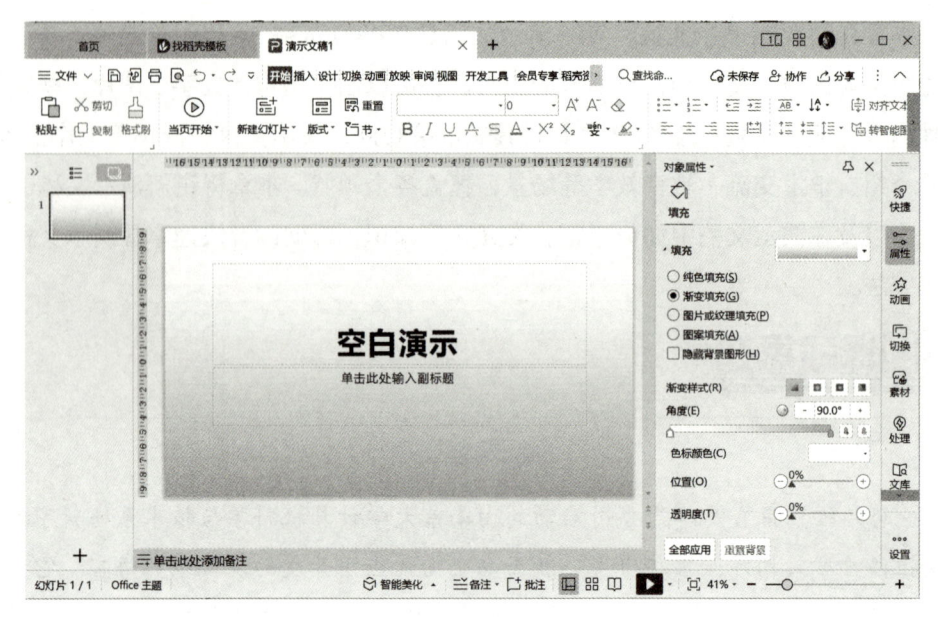

图 3-1 操作界面

标签栏

标签栏位于工作界面的最上方，用于演示文稿的标签切换和对话框控制，左侧为标签区，右侧为对话框控制区。

功能区

功能区位于标签栏下面，是所有功能的入口，主要由文件菜单、快速访问工具栏、选项卡、快捷搜索框等构成。其中，不同的选项卡下对应不同的功能按钮，用户在使用时可以根据操作类型进行快速选择。

导航窗格

导航窗格默认位于工作界面的左侧，WPS演示文稿中可以看到"大纲""幻灯片"浏览窗格，用于显示当前演示文稿中所包含的幻灯片，并且可对幻灯片执行选择、新建、删除、复制、移动等基本操作，但不能对其中的内容进行编辑。

任务窗格

任务窗格默认位于工作界面的右侧，包含展开、收起、隐藏等三种状态，用户可以通过Ctrl+F1进行切换，一般默认收起只显示任务窗格工具栏，单击工具栏中的按钮可以展开或收起任务窗格。当用户执行某特定命令操作或者双击特定对象时也将展开相应的任务窗格。

编辑区

编辑区是工作界面的主要区域，包括演示文稿界面、标尺、滚动条、备注窗格等。用户对演示文稿的操作均可在编辑区完成。

状态栏

状态栏位于工作界面的最下方，可以显示演示文稿的状态信息以及提供视图控制功能。

练习：打开WPS演示文稿，熟悉其工作界面，观察每个选项卡分别对应哪些功能。

3.1.2 演示文稿的创建

本节从新建开始，介绍演示文稿的一些基本操作，初学者应在熟悉内容的基础上多次实践，达到掌握技能、熟练操作的目的。

3.1.2.1 新建演示文稿

创建空白演示文稿

空白演示文稿需要创建者添加所有的内容和设置格式，可以通过以下几种方法创建。

（1）使用主导航栏创建空白演示文稿。打开WPS演示文稿，在软件界面左侧主导航栏中选择"新建"按钮，如图3-2所示。

图3-2 新建演示文稿

（2）使用标签栏。在WPS演示文稿中，单击标签栏上"+"按钮完成创建。

（3）使用"文件"菜单。在WPS演示文稿中，选择"文件"菜单下的"新建"按钮可以完成创建操作，如图3-3所示。

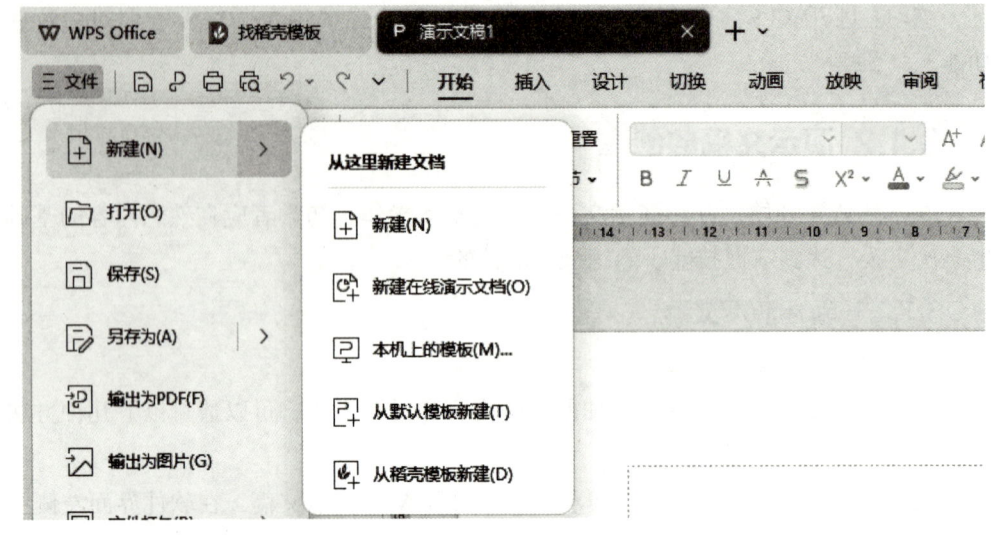

图 3-3 "文件"新建

（4）使用Ctrl+N组合键。在WPS演示文稿中，使用Ctrl+N组合键可以完成创建。

利用模板创建演示文稿

WPS Office为用户提供了丰富的资源，为了提高工作效率，用户在创建演示文稿时可以选择使用模板创建，为演示文稿选择主题和配色方案等。

（1）本机上的模板。单击"文件"→"新建"→"本机上的模板"按钮，打开"模板"对话框，选择对应模板。

（2）从稻壳模板新建。单击"文件"→"新建"→"从稻壳模板新建"按钮，打开"稻壳资源"对话框，选择对应模板。

练习：使用以上不同的学习方法，分别创建一个空白演示文稿和一个带主题风格的演示文稿。

3.1.2.2 保存、打开与关闭演示文稿

保存演示文稿

对于未保存过的演示文稿，单击"文件"→"保存"按钮或者单击快速访问工具栏上的"保存"按钮或者按下组合键Ctrl+S，打开"另存为"对话框，在对话框中选择文件要保存的位置，在"文件名"文本框中输入文件名，从"保存类型"下拉列表中选择文件格式，单击"保存"按钮完成保存操作，如图3-4所示。

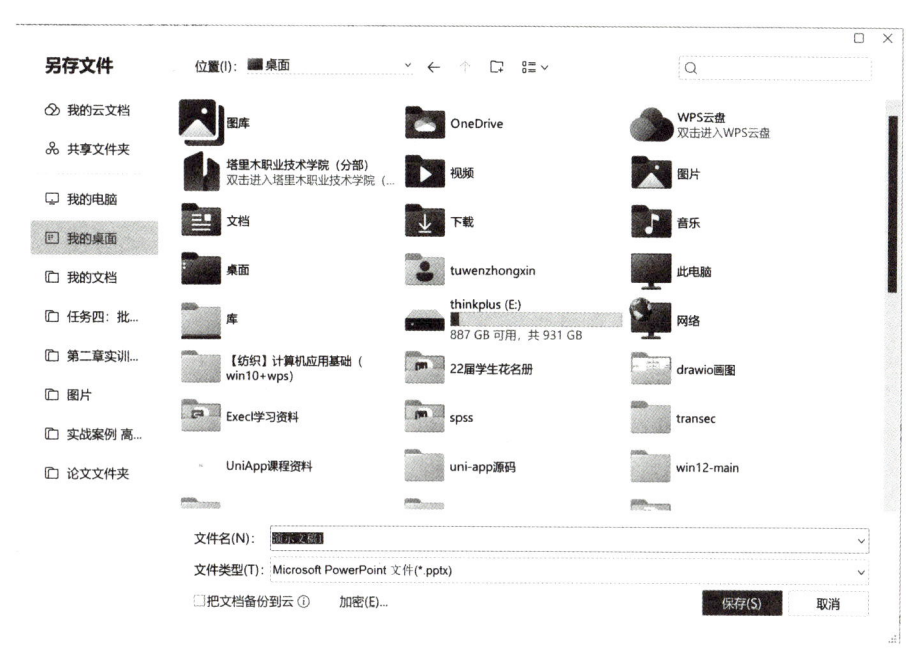

图 3-4 "另存为"对话框

对于已经保存过的文档，如果在编辑后不需要改变文件名或存放位置，单击"文件"→"保存"按钮或者单击快速访问工具栏上的"保存"按钮或者按下组合键 Ctrl+S，将当前正在编辑和修改的演示文稿以原文件名原位置进行保存。如果在编辑之后需要改变文件名或存放位置，单击"文件"→"另存为"按钮，打开"另存为"对话框进行保存操作。需要注意的是，如果换文件名保存现有文档，则会生成一个新的文档，而原来的文档将被关闭，且对其内容不作任何修改。

打开演示文稿

已经创建好的演示文稿在需要的时候可以重新打开以便查阅和编辑，下面介绍 3 种打开方法。

（1）单击"文件"按钮，在打开的菜单中选择"打开"选项，在右侧打开的"打开文件"对话框中，选择需要打开的演示文稿的位置，然后选中要打开的演示文稿，单击"打开"按钮完成操作，如图 3-5 所示。

（2）右击要打开的演示文稿，在打开的右键菜单中选择"打开"或"打开方式"。

（3）在计算机磁盘中找到要打开的演示文稿文档，双击该文档直接打开。

图 3-5　打开演示文稿

关闭演示文稿

当前演示文稿编辑结束时，需要将其关闭。

（1）单击标签栏上该文档的"×"按钮，关闭演示文稿。

（2）右击标签栏上该文档的标签，在打开的右键菜单里选择"关闭"选项。

（3）使用组合键 Ctrl+F4 进行关闭。需要注意的是，以上方法只是关闭了当前文档，而 WPS 演示文稿页面并没有关闭。

实训 3-1

创建第一个 WPS 演示文稿

使用 WPS 演示文稿创建第一个演示文稿。请将制作好的"实训 3-1.pptx"文件重命名为"班级＋姓名＋学号.pptx"，例如：23 汽修 1 班＋李锐＋20230125.pptx，并将修改完成的文件提交给任课教师。

3.2 演示文稿的基本操作

演示文稿通常是由多张幻灯片组成的，因此掌握幻灯片的相关操作是必要的，如幻灯片的选择、添加、删除、复制和移动等，学习本节的目的是帮助用户掌握这些操作。

3.2.1 认识视图

视图可以理解为一个可视界面，用于显示演示文稿内容，不用的视图可以与用户进行不同的交互。WPS演示文稿中提供了5种视图，分别是普通视图、幻灯片浏览视图、备注页视图、阅读视图、幻灯片母版视图，不同视图模式可以通过选择"视图"选项卡或者使用状态栏右侧视图按钮进行切换，如图3-6所示。

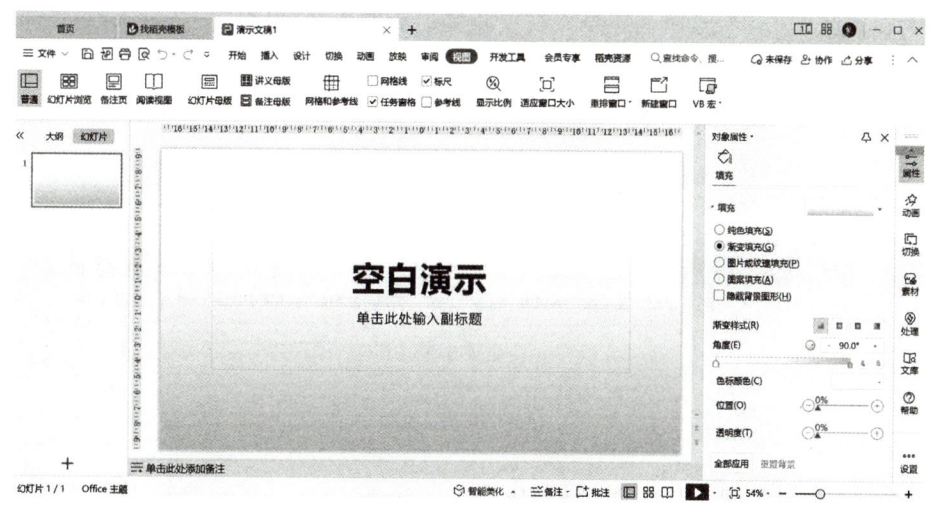

图3-6 "视图"选项卡

3.2.1.1 普通视图

普通视图是主要的编辑视图，用于撰写或设计演示文稿。在普通视图中，当左侧为"幻灯片"时将显示幻灯片缩略图，选择"大纲"选项时将显示幻灯片的大纲文字；右侧为幻灯片编辑区，其下方为备注窗格，用户可以使用备注窗格在普通视图中给幻灯片输入备注。同时，可以通过拖动窗格边框来调整窗格大小。

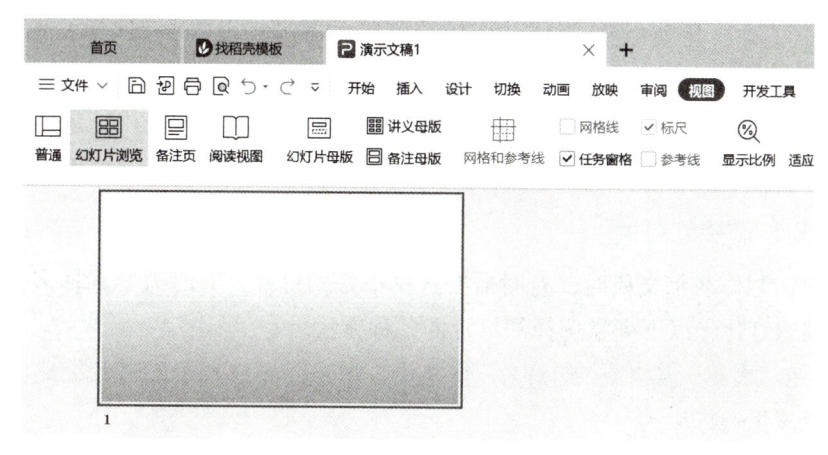

3.2.1.2 幻灯片浏览视图

幻灯片浏览视图可以方便地对幻灯片进行排列、添加、复制、移动、删除等操作，此视图以缩略图的形式显示幻灯片，通过拖动滚动条，可以浏览演示文稿中的所有幻灯片。进入幻灯片浏览视图的方法为单击状态栏"幻灯片浏览"按钮或者在"视图"选项卡中，单击"幻灯片浏览"按钮，如图3-7所示。

图3-7 "幻灯片浏览"视图

3.2.1.3 备注页视图

备注页视图用于给幻灯片添加备注,单击"视图"选项卡的"备注页"按钮,进入备注页视图。备注页视图由位于上方的幻灯片缩略图和位于下方的备注信息编辑文本区构成。用户在添加备注时,可以删除缩略图中的幻灯片,让其在备注页中移除,此操作不会删除幻灯片本身。在输入备注信息时,可以通过拖动文本框四周的控制点控制该区域的放大和缩小,如图 3-8 所示。

图 3-8　备注页的放大和缩小

3.2.1.4 阅读视图

阅读视图用于加强对幻灯片的查看效果和阅读体验,单击"视图"选项卡下的"阅读视图"按钮可以进入阅读视图。在此视图下,用户看到的演示文稿就是观众看到的效果。

3.2.1.5 幻灯片母版视图

在修改幻灯片母版时,需将视图切换至幻灯片母版视图,单击"视图"选项卡的"幻灯片母版"按钮进入"幻灯片母版"视图,退出时单击"幻灯片母版"选项卡的"关闭"按钮。

3.2.2 幻灯片操作

3.2.2.1 选择幻灯片

用户在制作演示文稿时,有时需要选择单张幻灯片,有时需要选择多张连续或不连续的幻灯片,以下列举选择幻灯片的几种方法。

(1)在"大纲"窗格或"幻灯片"窗格中,单击需要选择的幻灯片缩略图,可以单独选择该张幻灯片。

(2)在"大纲"窗格或"幻灯片"窗格中,单击需要选择的第一张幻灯片缩略图,按住Ctrl键不放，单击需要选择的第二张幻灯片缩略图，依次单击其他所需的幻灯片缩略图，可以选择不连续的幻灯片。

（3）在"大纲"窗格或"幻灯片"窗格中，单击需要连续选择的第一张幻灯片缩略图，按住Shift键不放，再单击连续选择的最后一张幻灯片缩略图，这时两张幻灯片之间的所有幻灯片均被选中。

3.2.2.2 插入新幻灯片

新建的空白演示文稿中默认只有一张幻灯片，但是在实际制作幻灯片的时候，往往需要多张幻灯片，此时可以根据需要在演示文稿中插入新的幻灯片。插入幻灯片的方法有如下几种。

（1）在"幻灯片"窗格中选中某张幻灯片后，单击"开始"选项卡，在功能区中单击"新建幻灯片"按钮，在选中的幻灯片下方插入一张新的幻灯片。

（2）在"幻灯片"窗格中选中某张幻灯片后，按住Enter键将在该幻灯片下方插入一张默认版式的幻灯片。

（3）在"幻灯片"窗格中选中某张幻灯片后，按住组合键Ctrl+M可以在该幻灯片下方插入幻灯片。

（4）在"幻灯片"窗格中选中某张幻灯片后，右击鼠标，在打开的快捷菜单中选择"新建幻灯片"命令，在该幻灯片下方插入一张新的幻灯片。

（5）选中某张幻灯片后，单击该幻灯片缩略图上的"+"按钮，将在该幻灯片下方插入一张新的幻灯片。

3.2.2.3 删除幻灯片

在编辑幻灯片时，对于不需要的幻灯片，可以将其删除。删除幻灯片的方法有以下几种。

（1）在左侧的"幻灯片"窗格中选择需要删除的幻灯片，右击鼠标，在打开的快捷菜单中选择"删除幻灯片"选项。

（2）选中需要删除的幻灯片，按住Del键进行删除。

3.2.2.4 复制幻灯片

如果制作的幻灯片与已制作完成的幻灯片内容相似时，可以在复制已制作完成的幻灯片的基础上进行修改，这样能节约制作幻灯片的时间。复制幻灯片的方法有以下几种。

（1）选中需要复制的幻灯片，按组合键Ctrl+C复制该幻灯片，然后在新的位置按下Ctrl十V组合键。

（2）选中需要复制的幻灯片，右击鼠标，在打开的快捷菜单中选择"复制"选项，在新的位置处右击鼠标，在打开的快捷菜单中选择"粘贴"选项。

（3）选中需要复制的幻灯片，右击鼠标，在打开的快捷菜单中选择"复制幻灯片"选项，将在该幻灯片下方复制幻灯片。

3.2.2.5 移动幻灯片

（1）在制作幻灯片的过程中，有时需要将幻灯片移动到不同的位置上，移动幻灯片的方法有以下几种。

（2）选中需要移动的幻灯片，按下组合键 Ctrl+X 剪切该幻灯片，在合适的位置按下 Ctrl＋V 组合键。

（3）选中需要移动的幻灯片，单击"开始"选项卡，在"剪贴板"栏中单击"剪切"按钮，然后在新的位置选择"剪贴板"→"粘贴"选项。

（4）在"幻灯片"窗格中，选中需要移动的幻灯片，按住鼠标左键不放并拖动到适当位置后，松开鼠标，完成移动幻灯片的操作。

（5）选中需要移动的幻灯片，右击鼠标，在打开的快捷菜单中选择"剪切"命令，在合适的位置处右击鼠标，在打开的快捷菜单中选择"粘贴选项"中的相应选项。

> **实训 3-2**
>
> **制作"自我介绍"WPS 演示文稿**
>
> 新建一个主题为"自我介绍"的演示文稿，对其进行编辑。请将制作好的"实训 3-2.pptx"文件重命名为"班级＋姓名＋学号.pptx"，例如：23 汽修 1 班＋李锐＋20230125.pptx，并将修改完成的文件提交给任课教师。

3.3 演示文稿的编辑与修饰

为了使演示文稿更具个性化、更能吸引观众，用户可以针对不同的演示内容和场合设置不同风格的幻灯片，在 WPS Office 中，有多种设置个性化演示文稿的途径。

3.3.1 多媒体制作与属性操作

3.3.1.1 插入图片和图形

插入图片

为了使制作出的幻灯片更具有说服力和欣赏性，通常都会使用到图片。在 WPS Office 中插入图片的方法主要有两种。

（1）在"普通"视图中，单击需要插入图片的幻灯片，在"插入"选项卡中单击"图片"按钮，如图 3-9 所示。

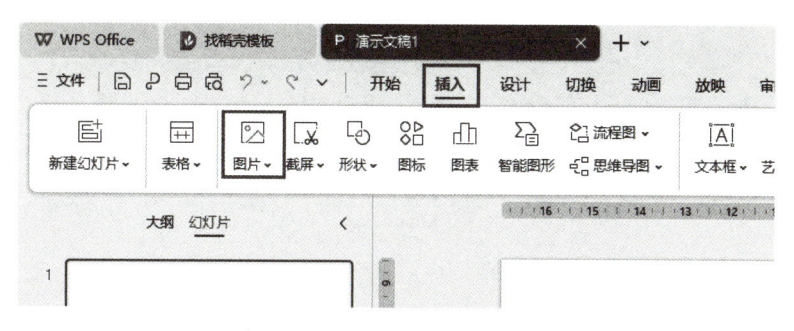

图 3-9 "普通视图"插入图片

（2）选中需要插入图片的幻灯片，在包含有插入对象的占位符中单击"图片"按钮，如图 3-10 所示。

图 3-10 占位符插入图片

在执行上述（1）或（2）操作后，"插入图片"对话框将被打开。通过对话框左边的导航栏和上面的地址栏定位图片所在的具体位置，在中间的列表框中选择要插入的图片文件，单击"插入"按钮，完成图片的插入。

插入图形

图形即自选图形，用户根据自己的需要选择图形进行绘制，WPS演示文稿提供了多种简单的图形供用户选择。自选图形包括线条、矩形、基本形状、箭头汇总、公式形状、流程图、星与旗帜、标注、动作按钮等，绘制自选图形的方法有以下几种。

（1）单击"开始"→"形状"按钮，会打开一个图形预设框，可以选择其中的图形进行绘制。如图 3-11 所示。

图 3-11 "开始"选项卡插入形状

（2）单击"插入"→"形状"按钮，在打开的下拉列表框中选择需要的自选图形。如图 3-12 所示。

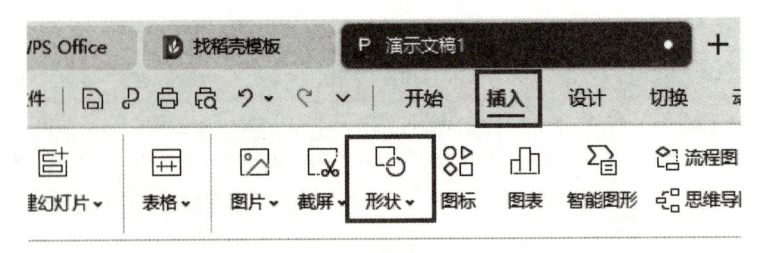

图 3-12 "插入"选项卡插入形状

在打开的下拉列表中选择需要绘制的图形后，将鼠标指针移动到幻灯片中，此时鼠标指针变成＋形状，在幻灯片空白处拖动鼠标完成该自选图形的绘制。

自选图形绘制完毕后，如果需要，还可以在图形中添加文本。选中图形，右击鼠标，在打开的快捷菜单中选择"编辑文字"选项，此时自选图形中间会出现一个闪烁的光标，这时就可以输入所需文本，如图 3-13 所示。

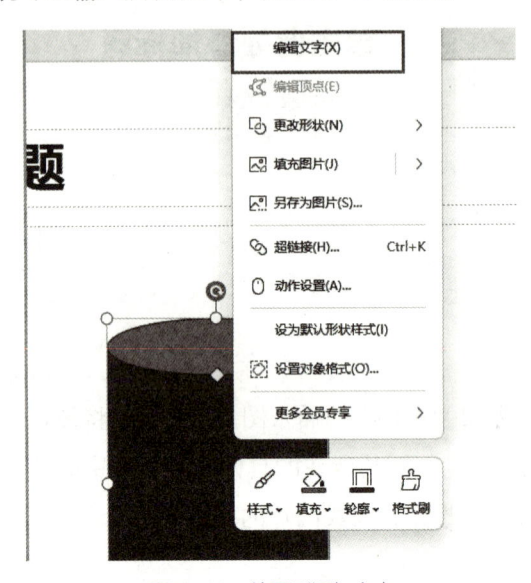

图 3-13 给图形添加文字

3.3.1.2 插入音频和视频

插入音频

选择"插入"选项卡，单击"音频"按钮，选择适合的音频进行嵌入，如图 3-14 所示。

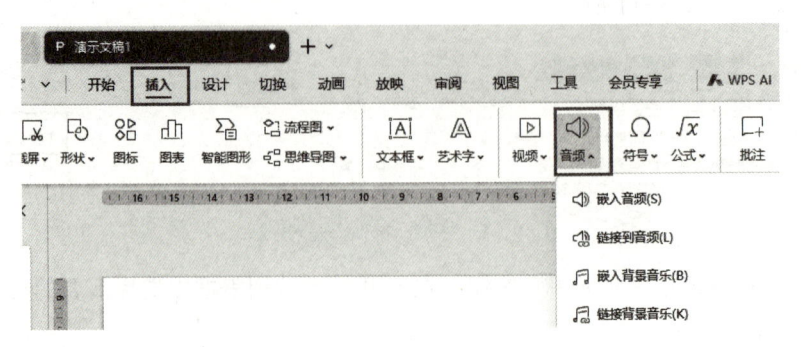

图 3-14 插入音频

选择"嵌入音频"时，打开"插入音频"对话框，用户在对话框选择相关路径和文件名，找到需要插入的音频文件后，单击"打开"按钮插入音频。插入音频后，在幻灯片编辑区将会出现一个小喇叭图标，用户可以拖动该图标修改其位置，拖动边框上的控制点可以调整其大小。

插入视频

单击"插入"→"视频"按钮进行视频的嵌入。除此以外，用户还可以选中需要插入图片的幻灯片，在包含有插入对象的占位符中单击"插入媒体"按钮进行嵌入，如图3-15所示。

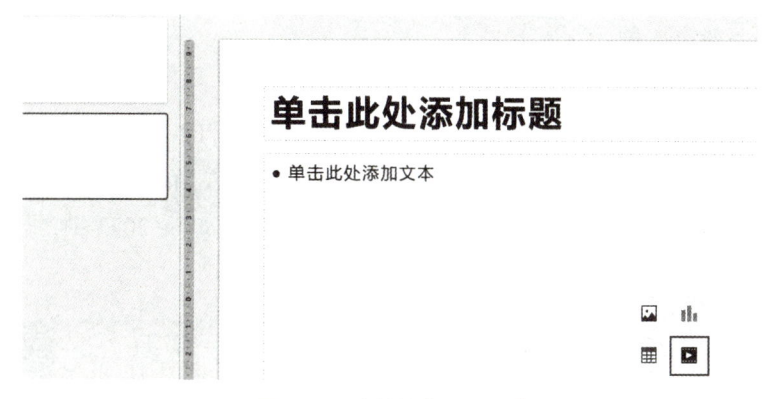

图3-15 占位符"插入媒体"

3.3.1.3 插入艺术字

艺术字在幻灯片中的使用，丰富了幻灯片的页面布局，增强了幻灯片的可观赏性，同时能够吸引观看者更多的注意力。以下介绍两种常用的制作艺术字的方法。

（1）选择需要插入艺术字的幻灯片，单击"插入"选项卡，在功能区中单击"艺术字"按钮，在打开的艺术字样式列表中选择一种艺术字样式，在幻灯片出现的文本框中输入文字，如图3-16所示。

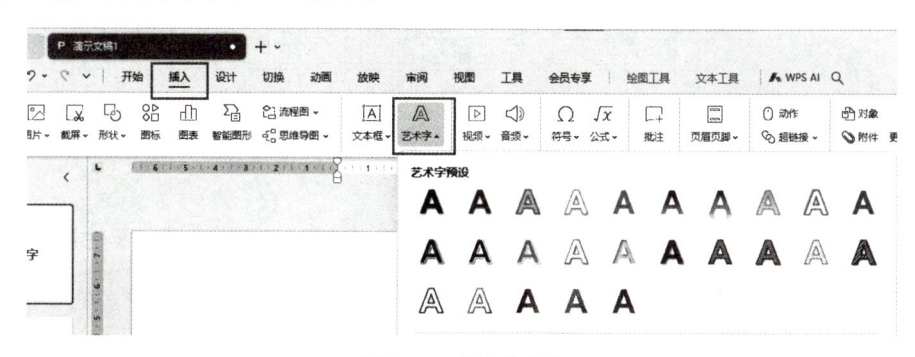

图3-16 插入艺术字

（2）选中文本框或要修改的文字，选择"文本工具"选项卡的"艺术字"选项，在功能区中选择想要的效果，此时被选中的文字就变成了艺术字样式，如图3-17所示。

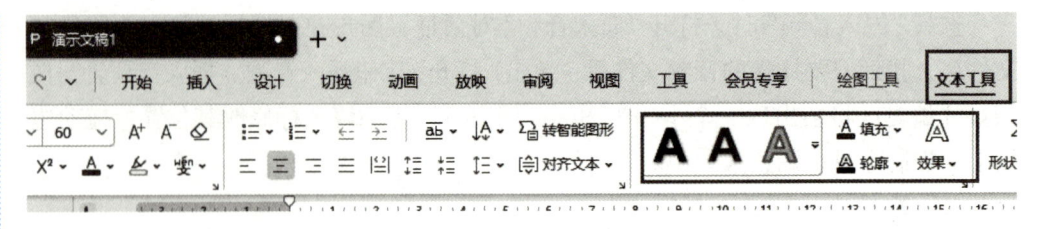

图 3-17 "文本工具"艺术字

3.3.1.4 插入表格

在 WPS 演示文稿中，表格可以帮助用户在展示幻灯片时更好的梳理内容，插入表格的方法一般有 4 种。

虚拟表格

单击"插入"选项卡的"表格"按钮，将鼠标指向打开的"表格框"，用户可以通过移动鼠标选择表格行列数，选中的表格会用橙色填充，当达到需要的行列数时单击鼠标，符合要求的表格就会出现在幻灯片中，在 WPS office 2023 中，虚拟表格最多能创建 8 行 24 列的表格，如图 3-18 所示。

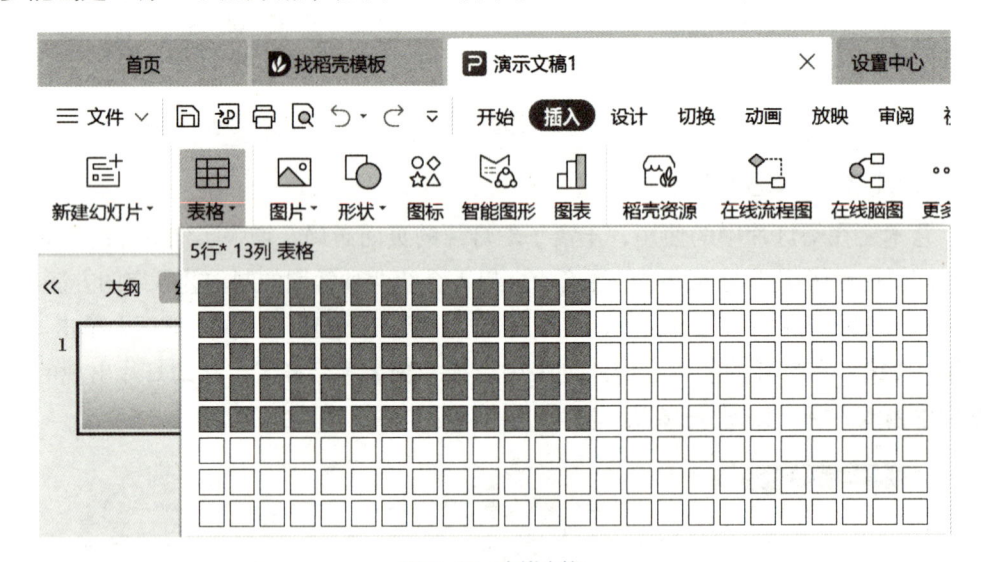

图 3-18 虚拟表格

使用"插入表格"按钮

单击"插入"→"表格"→"插入表格"按钮，在打开的"插入表格"对话框中输入合适的行数和列数，最后单击"确定"按钮完成操作。

绘制表格

单击"插入"→"表格"→"绘制表格"按钮，此时鼠标形态会变成"笔"的形状，在幻灯片内单击鼠标会出现虚线表格边框，绘制需要行列数的表格完成操作。

幻灯片占位符

选中需要插入表格的幻灯片，在包含有插入对象的占位符中，单击"表格"按钮完成表格的插入。

3.3.1.5 插入图表

在制作演示文稿时，经常需要在幻灯片中输入数据。将枯燥的文字数据用形象直观的图表显示出来，更容易让人理解。在幻灯片中插入图表，不仅可以直观地体现数据之间的关系，便于分析或比较数据，还可以增添幻灯片的美感，便于人们的理解。由于WPS演示文稿和WPS表格都属于WPS Office的组件，因此WPS演示文稿中的图表功能操作与WPS表格中的操作非常类似，许多对话框基本相同。

在WPS演示文稿中，有两种常用的插入表格的方法。

（1）选择要插入图表的幻灯片，单击"插入"→"图表"按钮。

（2）选择要插入图表的幻灯片，在拥有可插入对象的占位符中单击"插入图表"按钮。

在执行上述（1）或（2）操作后，都将打开"图表"对话框，如图3-19所示。在该对话框中选择需要的图表类型，单击"确定"按钮完成图表的插入。

图3-19 "图表"对话框

插入图表后，将会出现新的选项卡"图表工具"。利用"图表工具"选项卡中的选项，可以更改图表类型、重新编辑图表数据、调整图表中各标签的布局以及变换图表的样式等。

3.3.1.6 对象属性操作

在演示文稿中，可将幻灯片中的一切元素如文本框、艺术字、图片、表格等看作是一个对象，用户可以对该对象的属性进行个性化设置，下面以图片为例，做简要介绍。

单击幻灯片中需要编辑的图片，对话框右侧会打开"对象属性"任务窗格，如图3-20所示，用户可以在此任务窗格中更改背景对象属性，如填充、效果、大小与属性等，根据所选对象的不同，属性类别也会有不同。

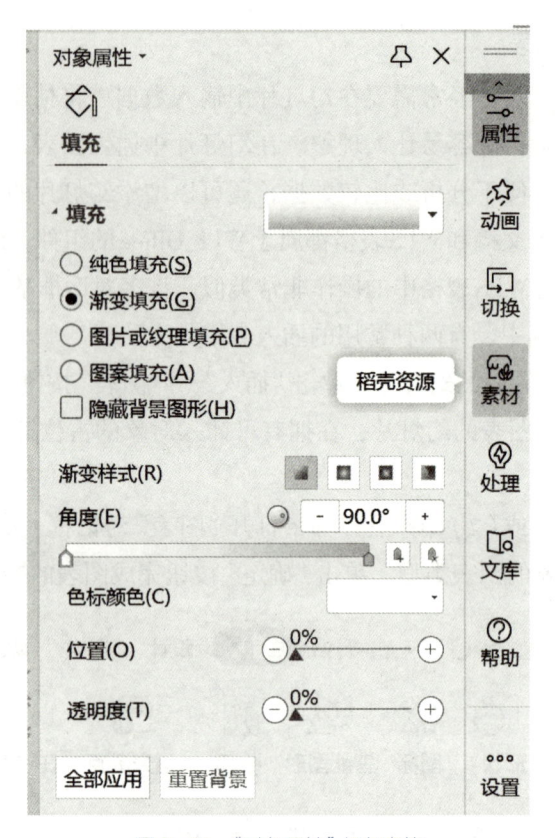

图 3-20 "对象属性"任务窗格

练习：在幻灯片中插入多种对象，并修改对象的属性。

3.3.2 幻灯片文本编辑

在普通视图中完成幻灯片文本的编辑，普通视图是编辑演示文稿最直观的视图模式，也是一种最常用的模式。在普通视图中，所有对象的编辑效果都和最后放映时的效果类似，只是在幻灯片的大小上与最终的播放效果有所差别。

在幻灯片中，可通过插入文本框实现文本编辑。文本框可以在新建幻灯片选择版式时添加，单击版式后，幻灯片的各对象区域均有一个虚框，这便是文本占位符，虚框中提示用户在该位置输入相应内容。另外，用户可以自行绘制文本框，文本框有横排和竖排两种，插入文本框的方法为：单击"插入"→"文本框"按钮，在打开的预设文本框列表中选择需要插入的文本框类型，如图 3-21 所示。

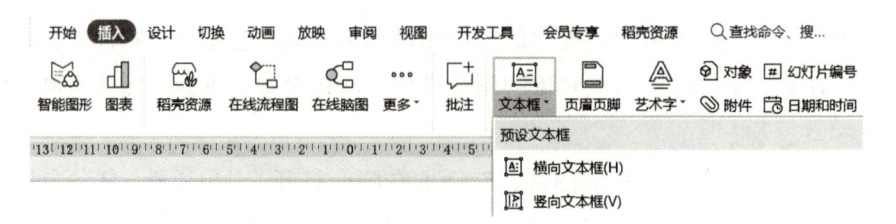

图 3-21 文本框类型

3.3.2.1 文字的录入

在幻灯片中，若要输入文字信息，只要单击文本占位符或文本框，将光标放置在其中，便可输入文字了。完成文字输入以后，单击占位符或文本框外的任何位置，就会退出对该对象的编辑模式。

3.3.2.2 文字的编辑

WPS演示文稿文字的编辑与WPS文字中的文字编辑类似，一般包括文字的选择、复制、剪切、移动、删除和撤销删除等操作。

3.3.2.3 文字的基本格式设置

文字的基本格式设置主要包括设置字体、字号、颜色等。

（1）使用"开始"选项卡的"字体"功能区设置文字格式。选中要设置格式的文字，在"开始"选项卡的"字体"功能区，选择要设置的属性进行操作。

（2）使用浮动工具栏设置文字格式。在幻灯片中添加文字后，当选择了文本之后，会出现一个浮动工具栏，用户可以通过单击该浮动工具栏上相应的按钮对文字格式进行设置。

（3）使用对话框设置文字格式。选中要设置的文字，右击鼠标，在打开的快捷菜单中选择"字体"选项打开"字体"对话框或单击"开始"选项卡下"字体"功能区右下角的箭头按钮也可打开"字体"对话框，如图3-22所示。

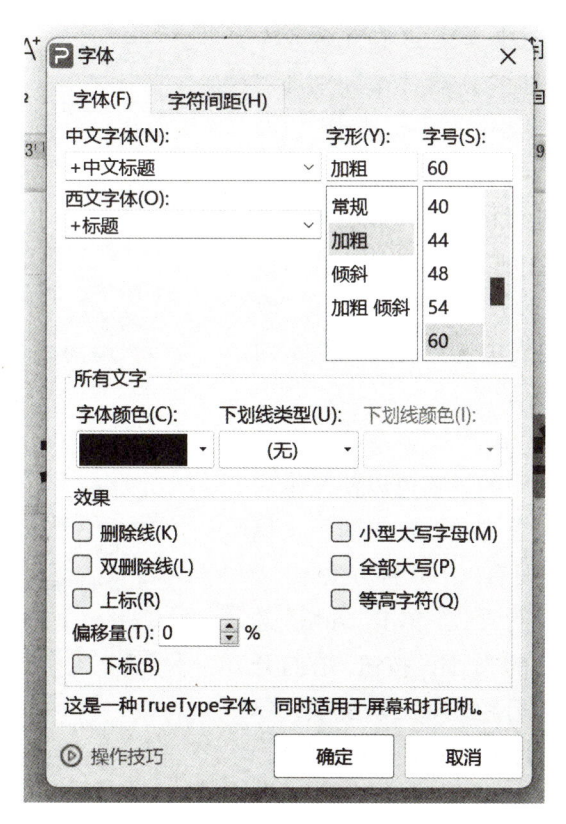

图 3-22 "字体"对话框

3.3.2.4 文字的排版

文本的对齐方式

（1）段落对齐。通过设置段落对齐用来实现文字在幻灯片段落中的位置，段落对齐方式包括"左对齐""居中对齐""右对齐""两端对齐"以及"分散对齐"。单击"开始"选项卡的段落功能区或打开"段落"对话框进行设置，如图 3-23 所示。

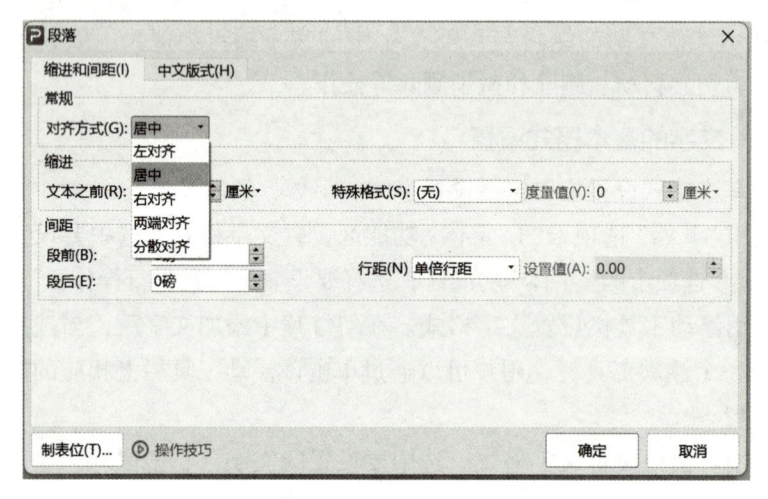

图 3-23 "段落"对话框 1

（2）文本对齐。文本对齐是用来实现同一占位符或文本框中文字的垂直对齐方式。文本对齐方式包括"顶端对齐""中部对齐""底端对齐""顶部居中""中部居中"以及"底部居中"。在"对象属性"任务窗口的"文本选项"选项卡下进行设置。单击"文本选项"→"文本框"左侧的三角形按钮，在打开的窗格中选择"垂直对齐方式"选项，在"垂直对齐方式"下拉列表中选择合适的文本对齐方式，如图 3-24 所示。

段落的行间距

通过对段落行间距的设置可以使文本内容更加具有层次化、条理化。WPS 演示文稿中对行间距的调整主要有以下几种方法。

（1）使用"开始"选项卡。单击"开始"选项卡的"段落"功能区的"行距"按钮，在打开的列表中选择合适的行距，如无匹配项，单击"其他行距"打开"行距"对话框进行设置。

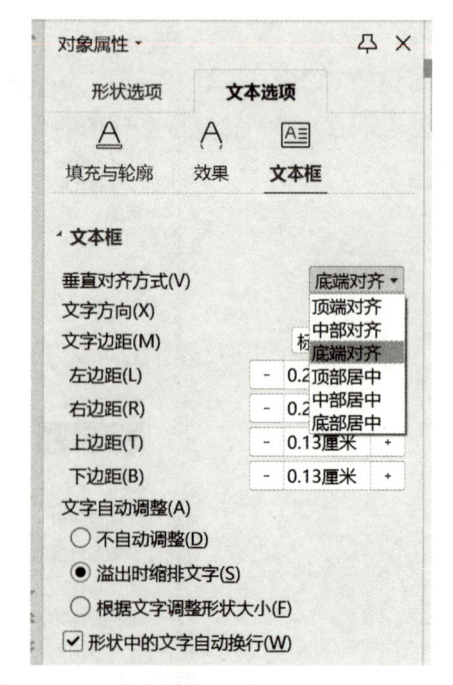

图 3-24 文本选项

（2）使用浮动工具栏。在幻灯片中选中要调整行距的文字，单击浮动工具栏中"增大段落行距"或"减少段落行距"按钮进行调整。

（3）使用"段落"对话框。在幻灯片中选中要调整行距的文字，右击或选择"开始"选项卡，打开"段落"对话框，在"间距"的"行距"下拉列表中进行设置，如图3-25 所示。

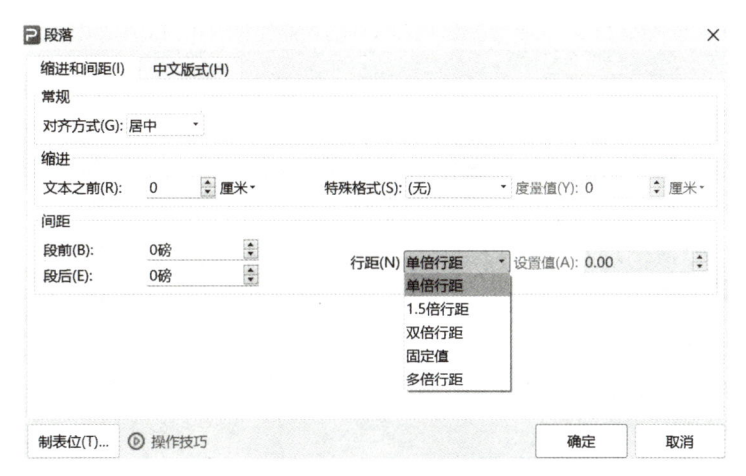

图 3-25 "段落"对话框 2

项目符号和编号

当幻灯片中文本内容太多时，在文本的前面添加项目符号和编号，可使文本具有条理性。WPS 演示中的项目符号和编号操作与 WPS 文字中的操作方法相同。

选定操作文本后，单击"开始"选项卡，在"段落"功能区中，单击"项目符号"或者"编号"按钮，将会在文本前面出现默认的项目符号或编号，单击图标旁边的"打开"按钮，在打开的列表框中可以选择需要的项目符号或编号。如果希望选择其他的项目符号和编号的样式，选择列表框中的"其他项目符号"或"其他编号"选项，打开"项目符号与编号"对话框，在"项目符号"或"编号"选项卡中选择合适的符号或编号，单击"确定"按钮，每次确定一个项目符号或编号后，按 Enter 键，下一段自动插入项目符号或编号。此外还可以通过"项目符号与编号"对话框中的"大小"和"颜色"两个选项来改变项目符号的大小和颜色，如图 3-26 所示。

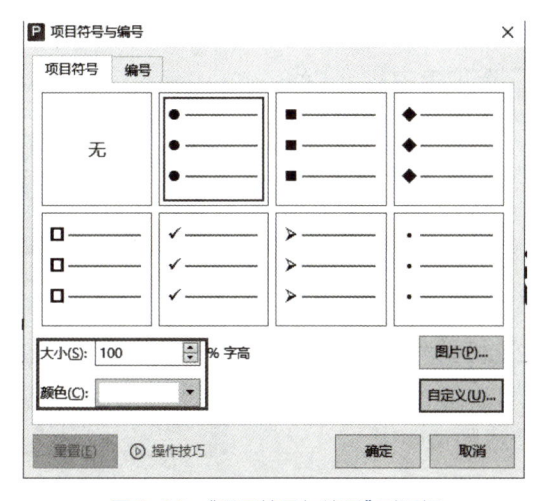

图 3-26 "项目符号与编号"对话框

WPS演示文稿还可以设置图片或其他符号使其成为项目符号。打开"项目符号与编号"对话框，如果要设置图片为项目符号，单击"图片"按钮，打开"打开图片"对话框，选择合适的图片，单击"打开"按钮。如果要设置其他符号作为项目符号，单击"自定义"按钮，打开"符号"对话框，选择需要使用的符号，单击"插入"按钮，完成操作。

取消项目符号和编号有以下两种方法。

（1）选中要取消项目符号和编号的对象或文字，单击"开始"选项卡的"项目符号"按钮或者"编号"按钮或者打开按钮选择"无"可以完成取消操作。

（2）选中要取消项目符号和编号的对象或文字，打开"项目符号与编号"对话框，在"项目符号"或"编号"选项卡中选择"无"可以完成取消操作。

分栏显示文本

当幻灯片中输入的文本较多时，可通过分栏显示优化其布局。

3.3.3 幻灯片背景设置

用户可以通过"对象属性"任务窗格中的"填充"选项为幻灯片添加不同类型的背景，打开"对象属性"任务窗格有以下几种方法。

（1）单击"设计"选项卡的"背景"按钮。

（2）单击右侧任务窗格的"属性"按钮。

（3）在左侧导航窗格选择要设置背景的幻灯片，右键单击，在打开的快捷菜单中选择"设置背景格式"选项。

"填充"选项卡中主要包含"纯色填充""渐变填充""图片或纹理填充"和"图案填充"四个选项。

纯色填充

"纯色填充"为默认选项，选择"纯色填充"后，单击"颜色"按钮展开列表，在"最近使用的颜色""主题颜色"和"标准颜色"中选择合适的颜色作为背景颜色。还可以在"更多颜色"选项卡中打开"颜色"对话框通过选择"红色""绿色""蓝色"对应的选择框中的数值来设置颜色，如图 3-27 所示。如果用户需要选用页面中某一颜色，单击"取色器"按钮，此时鼠标形态会变成"吸管"形状，将其移动至想选取的颜色位置进行吸取完成操作。设置颜色后，用户还可以通过"颜色"下方的"透明度"调节背景的透明度。

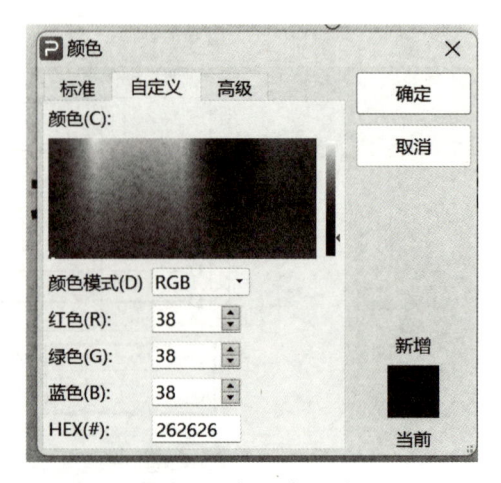

图 3-27 "颜色"对话框

渐变填充

单击"渐变填充"按钮，页面将出现相关设置选项，渐变填充是以多种方式将多种颜色合并到一起进行填充，用户可以自定义每一个色标的颜色、位置、透明度、亮度，结合"渐变样式"和"角度"进行渐变填充。

图片或纹理填充

单击"图片或纹理填充"按钮，页面将出现相关设置选项，单击"纹理填充"的下拉按钮，打开对应的下拉列表，其中有备选的纹理选项，当鼠标指针悬停在纹理选项上会显示出该选项的名字，单击合适的选项完成使用，下方还可以调节"透明度""偏移量""缩放比例"等参数。

如果要设置图片为背景，单击"图片填充"旁的下拉按钮，在打开的下拉列表中选择添加来源进行设置。

图案填充

单击"图案填充"按钮，页面将出现相关设置选项，如图 3-28 所示。单击图案填充的下拉按钮，打开的下拉列表中会出现图案样式选项，当鼠标指针悬停在某选项时会显示出该选项的名字，单击合适的选项可完成使用。单击"前景"和"背景"的下拉按钮可以改变图案的颜色，前景显示图案中条纹等的颜色，背景色调整图案的墙面颜色。

在设置背景完成后，单击"对象属性"任务窗格的"全部应用"按钮，将设置完成的背景设置应用在所有的幻灯片中。若想重新设置新的背景，单击"重置背景"按钮，取消刚才所有的设置。

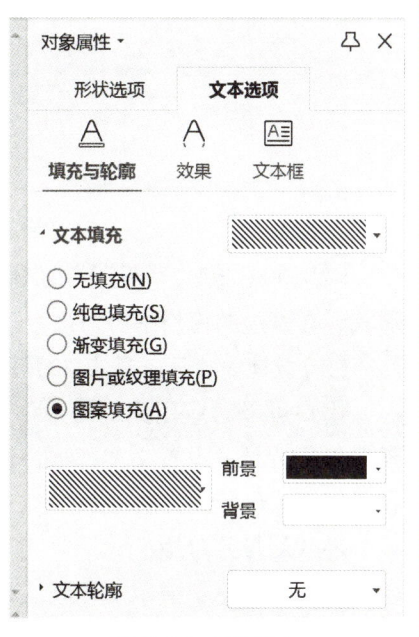

图 3-28　图案填充

3.3.4 幻灯片母版设置

幻灯片母版是存储模板信息的一个元素，这些模板信息包括字形、占位符大小和位置、背景设计和配色方案。幻灯片的母版类型包括幻灯片母版、讲义母版和备注母版，对应幻灯片母版的类型包括幻灯片母版视图、讲义母版视图和备注母版视图。

如果想修改幻灯片的母版，那必须要将视图切换到幻灯片母版视图中才可以进行修改。即对母版所做的任何修改将应用于所有使用此母版的幻灯片上，如果只想改变单个幻灯片的版式，只要在普通视图中对该幻灯片做修改就可以达到目的。幻灯片母版最好在开始构建各张幻灯片之前创建，而不要在构建了幻灯片之后再创建。

3.3.4.1 幻灯片母版

幻灯片母版分为主母版和版式母版。幻灯片母版是幻灯片层次结构中的顶层幻灯片，用于存储有关演示文稿的主题和幻灯片版式的信息，如背景、颜色、字体、效果、占位符大小和位置等，它控制着所有幻灯片的格式。

每个演示文稿至少包含了一个幻灯片母版。使用幻灯片母版有利于对演示文稿中的每张幻灯片的样式进行统一，其中还包括后面添加到演示文稿中的幻灯片。使用幻灯片母版时，无须在多张幻灯片上输入相同的信息以及设置相同的格式，由此节省了时间。如果制作的演示文稿非常长，使用幻灯片母版就十分方便。

由于幻灯片母版影响整个演示文稿的外观，因此在创建幻灯片母版或相应版式时，都将在"幻灯片母版"视图下进行。设计幻灯片母版的具体操作步骤如下。

（1）单击"视图"→"幻灯片母版"按钮，打开"幻灯片母版"选项卡，如图 3-29 所示。

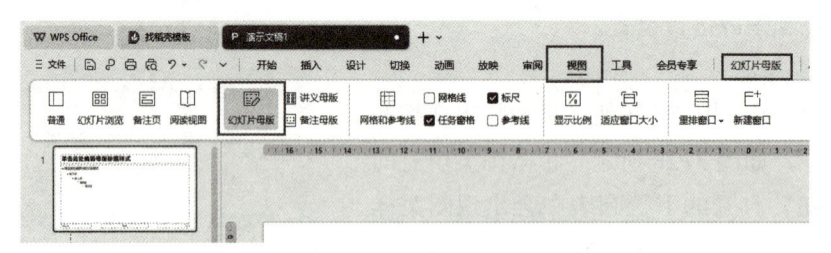

图 3-29 "幻灯片母版"视图

（2）进入"幻灯片母版"视图，在左边的导航窗格中可查看该幻灯片母版的不同版式，在右边的窗格中可对该版式的母版进行设计。

（3）设计完成后，单击"幻灯片母版"选项卡右边的"关闭"按钮完成设置。

用户可以对应用到幻灯片中的母版进行插入、删除、重命名、修改母版版式、设置母版背景、设置文本和项目符号等一系列操作，使其达到最佳效果。下面介绍设置幻灯片母版的方法。

新建幻灯片母版

一般情况下，演示文稿默认有一个幻灯片母版，若要使演示文稿包含两个或多个不同的样式或主题，需要为每个主题分别新建一个幻灯片母版。需要注意的是，新建的幻灯片母版在第一个幻灯片母版的最后一个版式母版后显示，新幻灯片母版同样是由多个版式组成。新建幻灯片有以下两种方法。

（1）在"幻灯片母版"视图中单击"插入母版"按钮。

（2）在"幻灯片母版"视图的幻灯片母版和版式缩略图导航窗格中右击鼠标，在打开的快捷菜单中选择"新建幻灯片母版"选项。

新建幻灯片版式

新建幻灯片版式的方法与新建幻灯片母版类似。在"幻灯片母版"视图中单击"插入版式"按钮或在"幻灯片母版"视图的幻灯片母版和版式缩略图导航窗格中右击鼠标，在打开的快捷菜单中选择"新建幻灯片版式"选项。

如果在母版版式中找不到符合需要的版式，还可以修改母版版式使其符合需求。常见的修改方法有如下两种。

（1）在"幻灯片母版"视图中，单击不需要的默认占位符的边框，直接按Delete键可以直接删除不需要的占位符或者右击不需要的默认占位符的边框，在打开的快捷菜单里单击"删除"按钮，也可实现删除占位符操作。

（2）在"幻灯片母版"视图中单击"插入占位符"按钮，在打开的下拉列表中选择一种占位符类型，此时当鼠标指向幻灯片时会变成"＋"字形状，单击幻灯片上的某个位置拖动鼠标绘制占位符，可以在幻灯片中添加新的占位符。

重命名母版和重命名版式

在演示文稿中，版式库将显示出相应幻灯片母版的名称，为方便后期更改幻灯片母版，用户可以根据需要对其进行重命名操作。

（1）在"幻灯片母版"视图左侧的导航窗格中，右击需要修改的幻灯片母版，在打开的快捷菜单中选择"重命名母版"或"重命名版式"选项。

（2）在"幻灯片母版"视图左侧的导航窗格中，选中需要修改的幻灯片母版，单击"幻灯片母版"选项卡的"重命名"按钮，在打开的"重命名"对话框中输入名称，单击"重命名"按钮。

当对母版进行了重命名之后，在"开始"选项卡或"设计"选项卡下的"版式"按钮列表中将会显示该母版新的名称。

删除幻灯片母版

在制作母版过程中，删除错误或者多余的母版有3种方法。

（1）在"幻灯片母版"视图左侧的导航窗格中，选中需要删除的幻灯片母版，直接按Delete键完成删除命令。

（2）在"幻灯片母版"视图左侧的导航窗格中，右击需要删除的幻灯片母版，在打开的快捷菜单中选择"删除母版"或"删除版式"命令。

（3）在"幻灯片母版"视图左侧的导航窗格中，选中需要删除的幻灯片母版，单击"幻灯片母版"选项卡下的"删除"按钮。

需要注意的是，删除母版的前提是演示文稿中有两种或两种以上的幻灯片母版。

设置母版背景

当用户需要为某演示文稿中所有幻灯片设置相同的背景时，设置母版背景就是最简单、快捷的方法。设置母版背景在"对象属性"任务窗格中完成，打开"对象属性"任务窗格的方法有以下几种。

（1）单击"幻灯片母版"选项卡的"背景"按钮。

（2）单击右侧任务窗格的"属性"按钮。

（3）在左侧导航窗格中，右击需要设置背景的幻灯片母版，在打开的快捷菜单中选择"设置背景格式"按钮。

打开"对象属性"任务窗格后，在"填充"选项卡下进行设置，可参照3.3.3幻灯片背景设置。

3.3.4.2 备注母版

在制作演示文稿时,一般把需要展示给观众的内容放在幻灯片中,不需要展示的写在备注里。在"视图"选项卡下,单击"备注母版"按钮,查看和设置备注母版,需要退出视图时,单击"关闭"按钮,如图 3-30 所示。

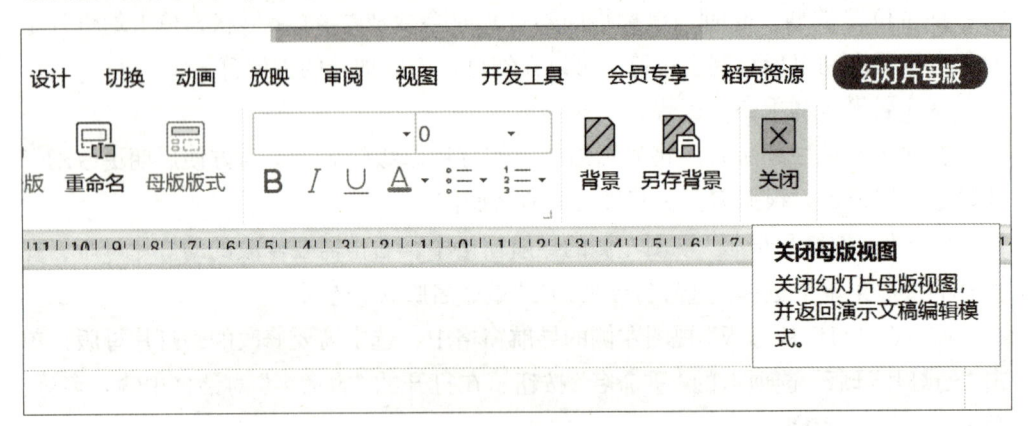

图 3-30 关闭母版视图

用户可以使用"备注页方向"按钮修改幻灯片的方向,使用"幻灯片大小"按钮修改幻灯片的大小。备注母版上有 6 个占位符,分别用于页眉、页脚、日期、页码、幻灯片图像和正文的编辑。通过对以上 6 个占位符复选框的选择,可以决定内容是否在备注页出现。

备注母版中还可以为所有备注页设置相同的背景,设置方法参照前面相关章节。

在设置了备注母版后,若要在编辑幻灯片时编辑备注页内容,则可在"幻灯片编辑"窗格下的"单击此处添加备注"中直接输入文本内容。或者可在"视图"选项卡下,单击"备注页"按钮,在"备注页"视图中输入备注的内容。

3.3.4.3 讲义母版

讲义的设置是在讲义母版中进行的,在"视图"选项卡下,单击"讲义母版"按钮,即可查看和设置"讲义母版",需要退出讲义母版时单击"关闭"按钮。讲义母版具有更改打印之前的页面设置的功能,如改变幻灯片方向、设置页眉、页脚、日期和页码、编辑主题和设置背景样式等。同时它还可以在一页打印纸中打印多张幻灯片,用户可以按讲义的格式打印演示文稿。讲义母版的设置可以参照备注母版。

3.3.5 幻灯片页眉页脚的设置

在 WPS 演示文稿中,设置显示页眉和页脚及其内容,可以在"页眉和页脚"对话框中完成。在幻灯片普通视图中,单击"插入"选项卡的"页眉页脚"按钮,打开"页眉和页脚"对话框,在该对话框中可设置日期和时间、幻灯片编号以及页脚等内容,如图 3-31 所示。

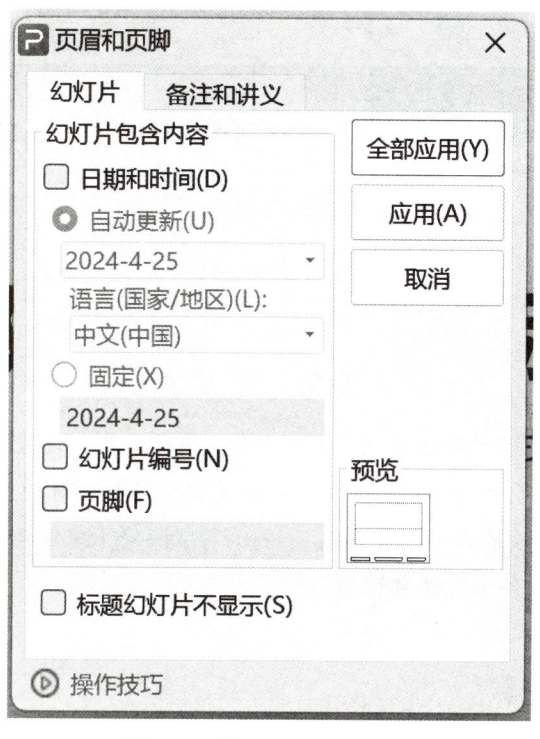

图 3-31 "页眉和页脚"对话框

（1）勾选"日期和时间"复选框可以对幻灯片显示日期进行设置，下面有两个按钮，选择"自动更新"按钮，时间域的时间会随日期和时间的变化而变化；选择"固定"按钮，用户可以自定义一个日期和时间，该日期和时间不会随日期和时间的变化而变化。

（2）勾选"幻灯片编号"复选框，"数字区"会自动加上一个幻灯片数字编码，相当于页码。

（3）勾选"页脚"复选框，"页脚区"可以输入内容，作为每页固定显示内容。

（4）勾选"标题幻灯片不显示"复选框，标题幻灯片上不显示上述页脚内容。

在这里设置页眉和页脚时不能对它们的外观如大小、位置和文字格式等属性进行修改，若要调整和修改它们的外观，用户可以在幻灯片母版中进行设置。

3.3.6 幻灯片主题设置

应用设计方案是控制演示文稿外观较快捷的方法。用户在创建空白演示文稿时或者创建完成后都可以进行设置。单击"设计"选项卡，可以看到主题设计列表选项，用户通过单击"更多主题"或"全文美化"按钮可以对演示文稿进行整体设计，如图 3-32 所示。WPS Office2023 提供了丰富的精美资源供给用户选择，在选择时可以单击"免费专区"按钮进行筛选。如果用户对选用的设计方案的配色或字体样式不满意，还可以通过"设计"选项卡的"配色方案"和"统一字体"按钮进行设置。

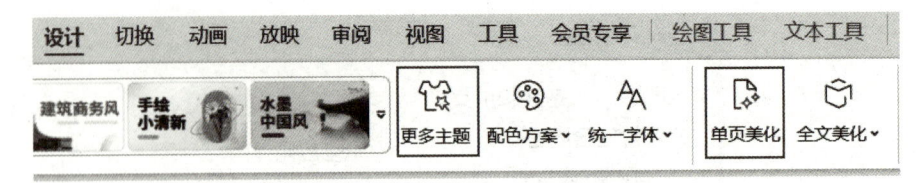

图 3-32 "设计"选项卡

> **实训 3-3**
>
> **美化"自我介绍"演示文稿**
>
> 请将上一节中制作的主题为"自我介绍"的幻灯片，设置页眉页脚并应用本章的知识内容对"自我介绍"演示文稿进行美化。将制作好的"实训 3-3.pptx"文件重命名为"班级＋姓名＋学号.pptx"，例如：23 汽修 1 班＋李锐＋20230125.pptx，并将修改完成的文件提交给任课教师。

3.4 演示文稿的动画设置

3.4.1 动画效果

制作精美的动画可以在放映幻灯片时更加吸引观众的注意，动画效果是指在播放某一张幻灯片时，幻灯片中的不同对象的动态显示效果、每个对象显示的先后顺序以及对象出现时的声音效果等。幻灯片中对象的动画效果分为进入动画、退出动画、强调动画和动作路径。

（1）进入动画，是指幻灯片中的对象出现在屏幕上的动画形式。

（2）强调动画，是用于改变幻灯片中对象的形状，用于强调幻灯片中重点对象，引起观众的注意。

（3）退出动画，是指在幻灯片中的对象显示之后，不需要再继续出现在当前幻灯片中或者只需要在放映幻灯片时一闪而过的动画形式。

（4）动作路径，是指幻灯片中的对象随着某一路径进行运动的动画形式。用户可以直接选择内置的动作路径，也可以绘制自定义路径。

3.4.1.1 添加动画效果

与为对象添加"进入"动画、"退出"动画和"强调"动画的操作方法基本一致，所以这里以添加"进入"动画为例进行介绍。给幻灯片中某一对象添加一个进入动画的方法如下：

选中幻灯片中需要添加动画的对象，单击"动画"选项卡，在工具栏展开的"动画效果"库中选择要添加的动画或者单击"动画效果"栏右侧的下拉按钮，在打开的下拉列表中选择"进入"的动画效果。此处以"百叶窗"进入动画为例。

WPS演示文稿自带基本、直线和曲线三类动作路径，用户可以直接使用这些动作路径，也可以自行设置一条新的动作路径。

动作路径

单击"动画"选项卡的"动画效果列表"右侧下拉按钮，打开下拉列表，在下拉列表的"动作路径"下选择合适的路径动画效果。

绘制自定义路径

单击"动画"选项卡的"动画效果"右侧的下拉按钮，打开下拉列表，在下列表中"绘制自定义路径"下选择合适的绘制曲线。此时鼠标形态变成"十"字，在编辑区中单击即可进行手动绘制，单击可确定"点"，绘制完成后双击鼠标左键或者按Enter键，如图 3-33 所示，路径始端为绿色，表示从此处开始绘制，路径末端为红色，表示在此处结束绘制。

用户还可以通过"动画窗格"给一个对象添加多个动画效果。

图 3-33　手动绘制动作路径

3.4.1.2 自定义动画效果

用户给幻灯片中的对象添加了动画效果后，还可以进一步对该动画效果的开始方式、播放速度和声音等进行自定义设置。

使用"动画"选项卡设置

为了方便用户对动画效果的设置，有一些效果设置的选项被放在了"动画"选项卡中，选择幻灯片中需要设置动画效果的对象，单击"动画"选项卡，在功能区可以进行动画开始、持续、延迟的时间设置，如图 3-34 所示。

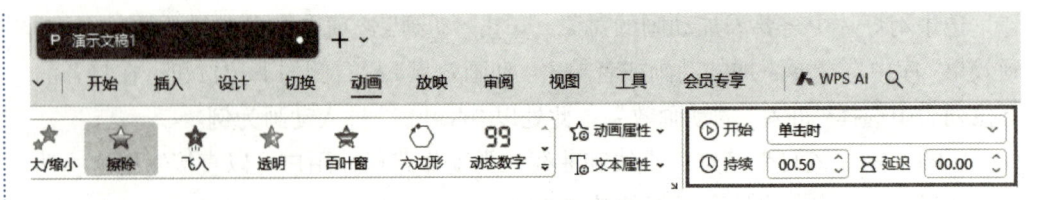

图 3-34 "动画"选项卡的时间设置

使用动画窗格设置

选择幻灯片中需要设置动画效果的对象，单击"动画"选项卡的"动画窗格"或右侧任务窗格中的"动画窗格"按钮，打开"动画窗格"任务窗格，可以设置动画开始方式、动画显示速度等属性。

使用"效果选项"设置

打开"动画窗格"任务窗格，在动画窗格中将显示已经设置的动画，这些动画按照播放的顺序由上向下排列，右击需要设置动画效果的动画，或者单击该动画右边的黑三角按钮，在打开的快捷菜单中选择"效果选项"选项，将打开相应的效果选项设置对话框，如图 3-35 所示。

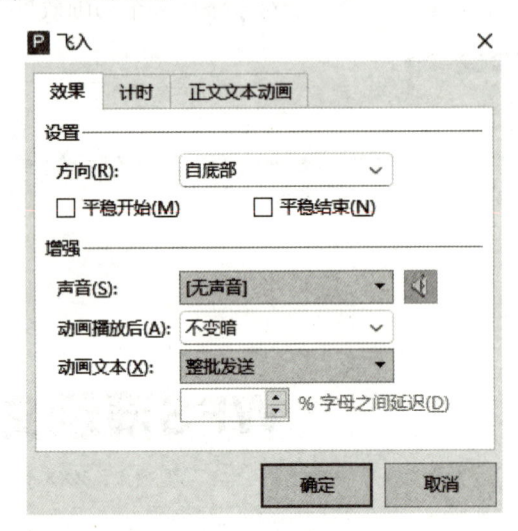

图 3-35 "效果选项"对话框

（1）"效果"选项卡可以设置动画的播放方向和增强效果。

①在"方向"下拉框中可以设置动画的开始方向，注意：如果设置的动画不同，则"方向"下拉框中的选项也会随之发生变化。

②在"声音"下拉框中可以选择与动画同时播放的音效。

③在"动画播放后"下拉框中可以选择在动画播放后对对象的处理变化。包括让对象改变颜色、隐藏等。

④在"动画文本"下拉框中可以选择文本对象以什么方式出现，如一起出现或逐字出现。

（2）"计时"选项卡可以设置动画的播放开始方式、开始时间和持续时间等，如图 3-36 所示。

图 3-36 "计时"选项卡

①在"开始"下拉框中有 3 个选项。"单击时"表示在幻灯片上单击鼠标时开始动画播放;"与上一动画同时"表示与幻灯片中前一个设置了动画效果的对象同时进行动画播放;"上一动画之后"表示在播放了前一个动画效果以后,播放所选对象的动画。

②在"延迟"变数框中,可以设置动画开始时的延迟时间。例如,如果动画的开始方式是"单击时",延迟时间设置为 2 秒,那么当播放幻灯片时,鼠标单击后,该动画会在 2 秒之后开始播放。

③在"速度"下拉框中可以设置动画播放的速度。

④在"重复"下拉框中可以设置动画播放的次数。

3.4.1.3 更改动画效果

删除动画效果

选择幻灯片中要删除动画效果的对象,在"动画"选项卡,单击"删除动画"或在"动画窗格"的"删除"按钮,如图 3-37 所示。其中"删除动画"命令可打开下拉列表选择更多删除选项。用户还可以在"动画窗格"中选择动画,通过右击打开菜单或单击该动画右边的黑三角按钮打开菜单,然后在菜单中单击"删除"按钮进行删除。

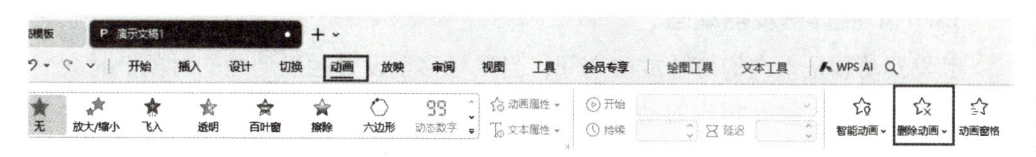

图 3-37 删除动画效果

修改动画效果

当用户想修改某一对象的动画效果时,可以在"动画"选项卡的"动画效果"中直接选择所需的动画进行修改(先选择要修改动画的对象),还可以通过单击"动画窗格"的"更改效果"按钮进行修改。

修改动画播放顺序

在为演示文稿设置好动画效果以后，打开"动画窗格"，所有的动画效果会按照用户设置时的先后顺序进行排列，该排序也是动画播放时的次序。用户可以对该排序进行修改，修改操作在"动画窗格"完成。

（1）左击按住要重新排序的动画，直接将其拖拽至新的播放位置并松开鼠标。

（2）选中要重新排序的动画，单击"动画窗格"下方的向上或向下箭头进行排序。

（3）动画高级日程表。在WPS演示文稿中，用户可以通过高级日程表功能快速调整动画的播放顺序及开始播放、结束播放的时间，在"动画窗格"的动画列表中右击某一动画或单击某一动画后的三角形下拉按钮，在展开的菜单中单击"显示高级日程表"命令，即可打开高级日程表，如图3-38所示。调整时，只需将鼠标停在需要调整的动画的时间轴上，在鼠标形态改变后左右拖动即可完成操作。

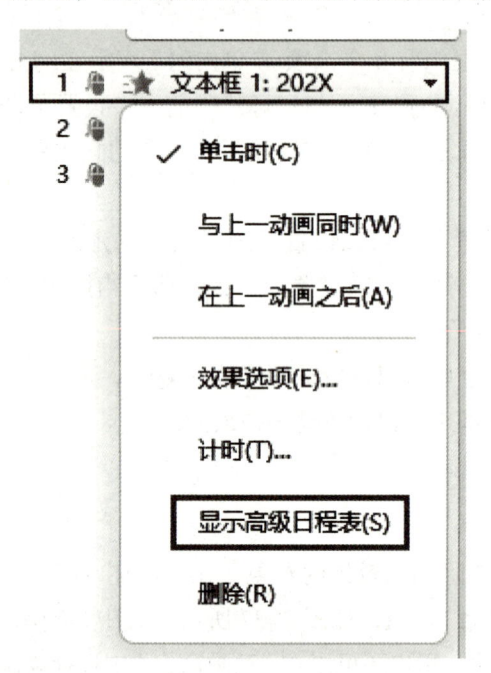

图 3-38　显示高级日程表

3.4.1.4 制作触发器动画

触发器动画是指在幻灯片放映期间，当鼠标移至设置触发动画的对象上时会变成小形状，单击可触发相应的动画，触发器可以选择当前幻灯片中已有的对象，也可以另行添加。具体操作步骤如下。

选择幻灯片中需要使用触发器触发动画的对象，打开"动画窗格"，右击需要设置动画效果的动画或者单击该动画右边的黑三角按钮，在打开的快捷菜单中选择"计时"命令，勾选"单击下列对象时启动效果"选项，在后边列表框中选择对象名称，如图3-39所示。

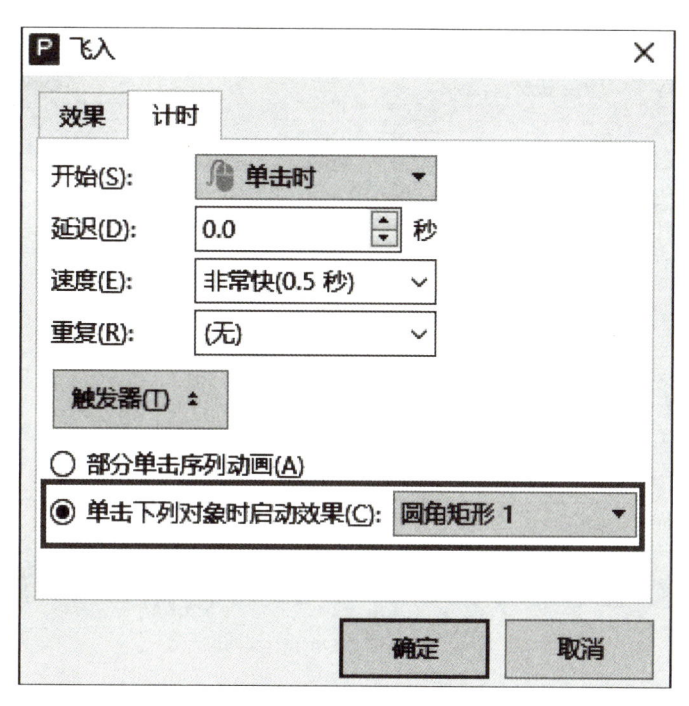

图 3-39　设置触发器

3.4.2 切换效果

幻灯片的切换即从上一页幻灯片播放到下一页幻灯片，用户可以通过"切换"选项卡或"切换"任务窗格进行设置。

在"切换"选项卡可以选择要设置切换效果的幻灯片，选择"切换"选项卡，单击切换效果功能区中下拉按钮，选择想要设置的效果。"效果选项"可以用来调整切换的效果，注意，不同的切换效果会导致"效果选项"列表的不同。另外，通过"切换"选项卡中的"速度""声音"列表框可以设置切换效果，勾选"单击鼠标换片"和"自动换片"可以调整换片方式，如果想要将当前切换效果应用到所有幻灯片中，可以单击"应用到全部"完成操作。

"切换"任务窗格，其操作方法与"切换"选项卡类似。

3.4.3 超链接设置

超链接可以将幻灯片中的内容与其他内容相联系。例如，可以用超链接和动画制作交互动画或者播放时在不改变所有幻灯片顺序的前提下进行跳序播放。

3.4.3.1 创建超链接

选中需要添加超链接的对象，单击"插入"选项卡的"超链接"按钮。此时会打开"插入超链接"对话框，如图 3-40 所示，用户可以选择需要的超链接类型。

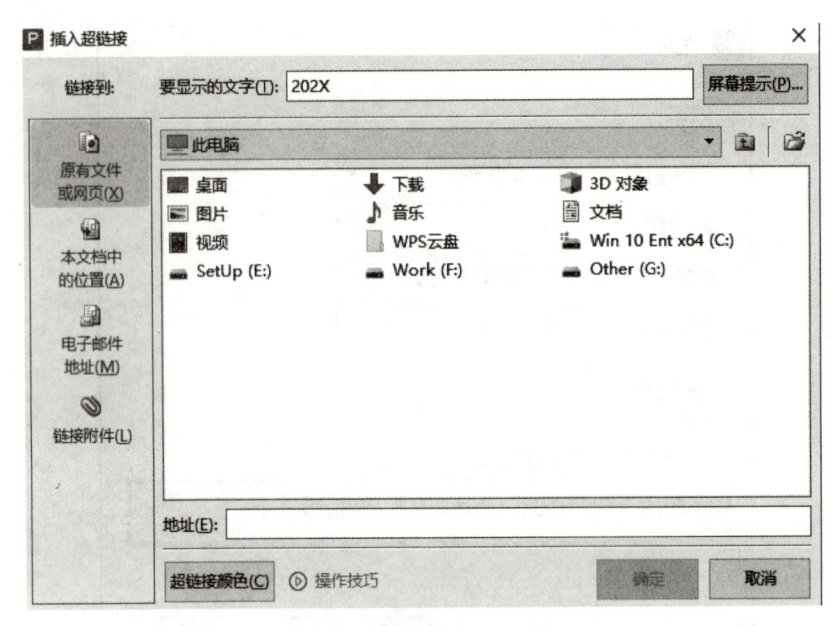

图 3-40 "插入超链接"对话框

3.4.3.2 编辑超链接

当用户想要编辑超链接时，右击链接对象，在菜单中选择"超链接"→"编辑超链接"选项。此时，会打开"编辑超链接"对话框，在该对话框中可以修改超链接的位置、链接颜色、屏幕提示等。

3.4.3.3 清除超链接

在清除超链接时，右击链接对象，在菜单中选择"超链接"→"取消超链接"选项。

3.4.4 动作设置

在播放演示文稿时，默认方式是按幻灯片的正常次序进行放映，但有时用户需要使用非正常的顺序播放幻灯片。WPS演示文稿为幻灯片设计了一种动作设置方式，单击幻灯片中的某对象，能跳转到预先设定的任意一张幻灯片、其他文件或者是运行某个程序。动作设置既可以使用幻灯片中已有的对象来设置，也可以插入相应动作按钮，在动作按钮上设置动作。

3.4.4.1 已有对象的动作设置

为已经在幻灯片中插入的对象设置动作的具体方法如下。

打开演示文稿，右击要创建动作设置的对象，在打开的快捷菜单中单击"动作设置"按钮，此时会打开"动作设置"对话框，在对话框中"鼠标单击"选项卡和"鼠标移过"选项卡分别用于设置当鼠标单击或移过时产生的动作，两个选项卡中的设置内容基本相同。选择"鼠标单击"选项卡，在"单击鼠标时的动作"栏中选择相应的按钮进行动作设置。例如，用户希望动作发生时有声音播放，则勾选"播放声音"

复选框，并在下方的列表框中选择相应的声音，单击"确定"按钮结束设置。

3.4.4.2 动作按钮的动作设置

为动作按钮设置动作的方法与为已有对象设置动作的方法一样，此处只介绍如何插入动作按钮。

单击"开始"→"形状"按钮，会打开一个图形预设框，在图形预设框中选择需要选用的动作按钮可以完成操作。

📝 实训 3-4

为"自我介绍"演示文稿增加动画效果

请将上一节中制作的主题为"自我介绍"的演示文稿，并将"自我介绍"演示文稿内容进行美化（设置动画效果、增加幻灯片切换效果、增加动作设置）。将制作好的"实训 3-4.pptx"文件重命名为"班级+姓名+学号.pptx"，例如：23 汽修 1 班+李锐+20230125.pptx，并将修改完成的文件提交给任课教师。

3.5 演示文稿的放映

制作完成的演示文稿最终是展示给观众的，通过幻灯片的放映，可以将自己想要说明的问题更好地表达出来。在放映幻灯片之前，还需要对演示文稿的放映方式进行设置，如幻灯片的放映类型、换片方式、隐藏/显示幻灯片和自定义放映等，使其能够更好地将演示文稿展示给观众。

3.5.1 幻灯片放映

3.5.1.1 从头开始放映

单击"放映"选项卡，单击"从头开始"按钮，如图 3-41 所示，可以从第一页开始播放演示文稿，也可以使用快捷键 F5 实现。

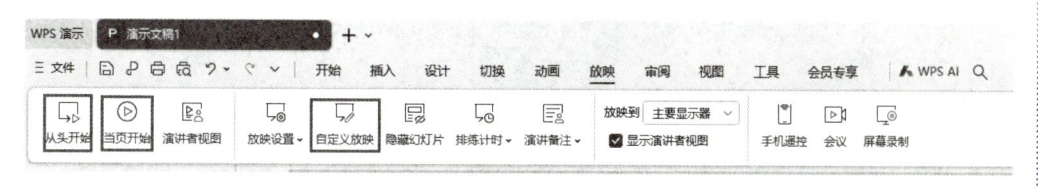

图 3-41 "放映"选项卡

3.5.1.2 从当页开始放映

选择"放映"选项卡，单击"当页开始"按钮，可以从当前页开始播放演示文稿，也可以使用组合键 Shift+F5 实现。

3.5.1.3 自定义放映

单击"放映"选项卡，单击"自定义放映"按钮，在打开的"自定义放映"对话框中单击"新建"按钮，如图 3-42 所示，此时会打开"自定义放映"对话框，如图 3-43 所示，在此对话框中，"幻灯片放映名称"框中可以自定义放映的名称，左侧"在演示文稿中的幻灯片"为当前幻灯片中所有幻灯片，右侧"在自定义放映中的幻灯片"为自定义放映的幻灯片，用户可以通过"添加"和"删除"按钮进行幻灯片的设置，最后单击"确定"按钮，返回"自定义放映"对话框。

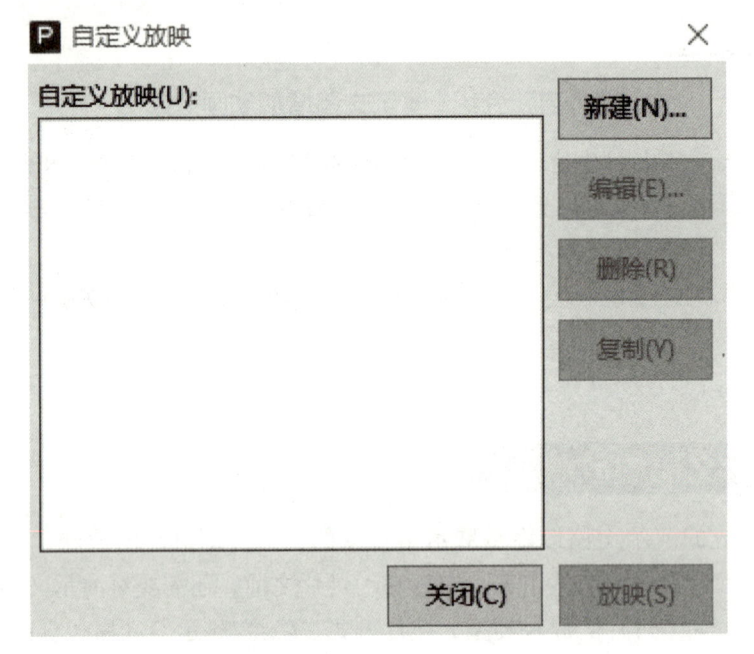

图 3-42 "自定义放映"对话框

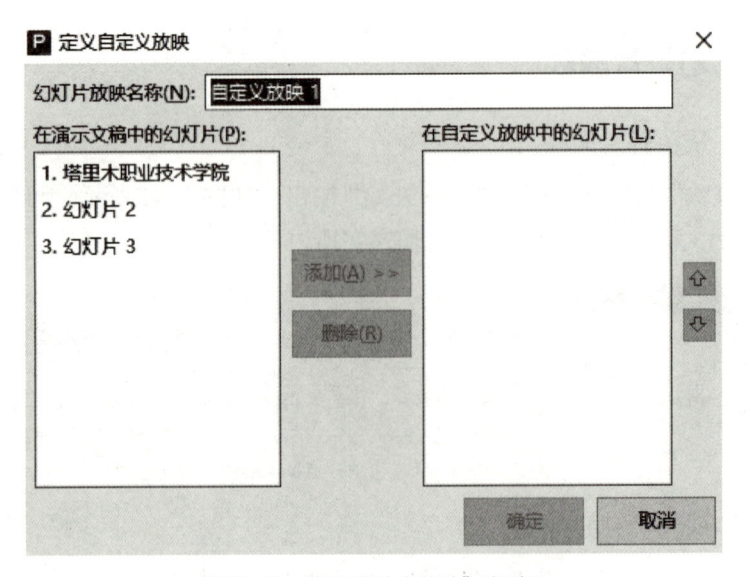

图 3-43 "定义自定义放映"对话框

3.5.1.4 放映设置

选择"放映"选项卡，单击"放映设置"按钮，打开"设置放映方式"对话框，如图 3-44 所示，在此对话框中勾选需要的选项，单击"确定"按钮。也可以通过单击"放映设置"的下拉按钮，快速地进行放映方式的设置，如图 3-45 所示。

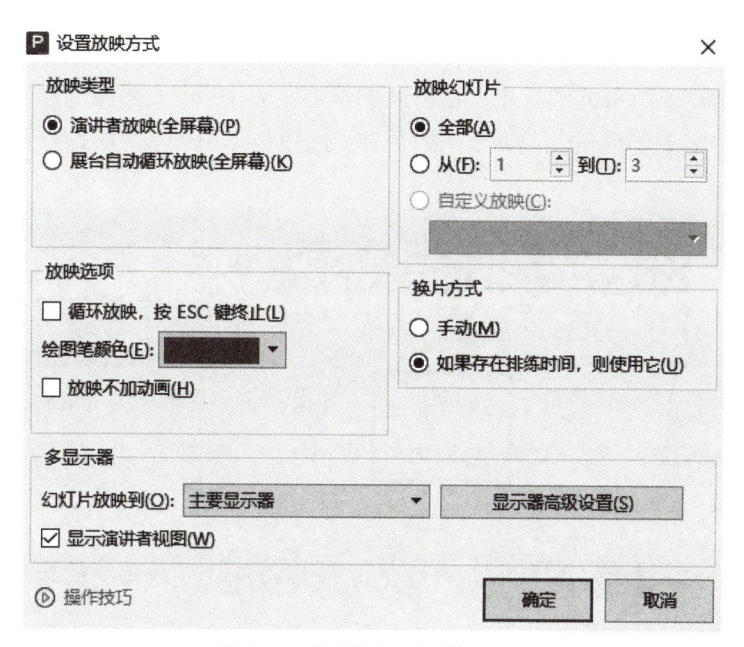

图 3-44 "设置放映方式"对话框

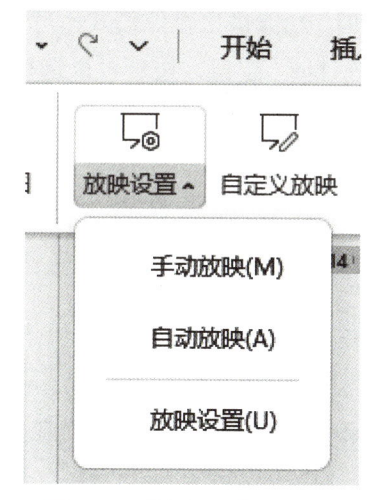

图 3-45 "放映设置"下拉列表

3.5.1.5 结束放映

（1）右击播放界面，在打开的快捷菜单中选择"结束放映"选项。
（2）按 Esc 键结束放映。

3.5.2 隐藏与显示幻灯片

在放映幻灯片时，如果没有经过任何设置，系统将自动依照幻灯片次序放映每张幻灯片。但有时在播放演示文稿时，其中的一些幻灯片并不需要被放映出来，此时则可使用隐藏幻灯片功能将不需要放映的幻灯片隐藏，在以后需要放映出来的时候还可以将其取消隐藏将幻灯片显示出来。下面介绍两种隐藏幻灯片的方法。

（1）右击需要隐藏的幻灯片，在打开的快捷菜单中选择"隐藏幻灯片"选项。

（2）选中需要隐藏的幻灯片，在"放映"选项卡下单击"隐藏幻灯片"按钮，如图 3-46 所示。

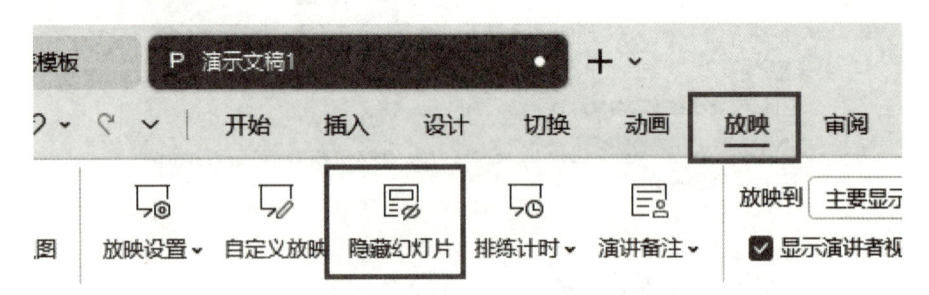

图 3-46 "放映"选项卡"隐藏幻灯片"

需要显示已隐藏的幻灯片时，再次单击"隐藏幻灯片"按钮取消隐藏。

3.5.3 排练计时

用户可以通过"排练计时"功能进入排练模式，可以对讲演时间进行估算。单击"放映"选项卡下的"排练计时"按钮，用户可以选择"排练全部"或"排练当前页"，如图 3-47 所示。

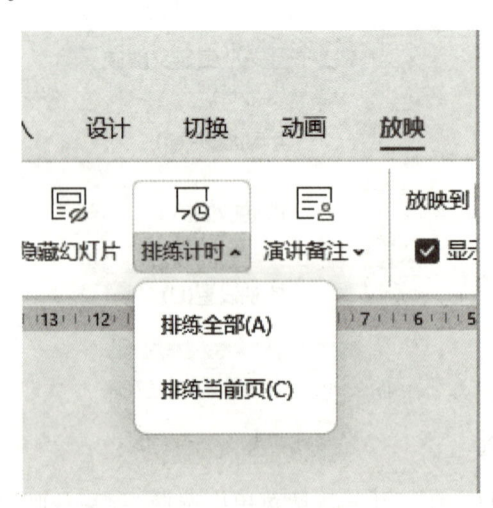

图 3-47 排练计时

以"排练全部"为例，在放映界面左上角可以看到预演计时器，左侧第一个按钮的功能是对幻灯片进行翻页，第二个按钮是暂停，预演计时器左右两个计时，左侧的时长是本页幻灯片的单页演讲时间计时，右侧的时长是全部幻灯片演讲总时长计时。单击"重复"按钮，可以重新记录单页时长的时间，并且总时长会重新计算此页时长。排练完成后，按Esc键可以退出计时模式，单击"是"按钮保存本次演讲计时，此时打开幻灯片浏览视图，可以看到每张幻灯片的演讲时长是多少。

实训 3-5

给"自我介绍"演示文稿排练计时

请将上一节中制作的主题为"自我介绍"的演示文稿内容进行排练计时，通过设置的幻灯片显示与隐藏功能，将幻灯片的完整放映时间控制在4~5分钟之内。

3.6 演示文稿的定稿

3.6.1 备份管理

在生活和工作中常用WPS Office 2023编辑演示文稿，有时会遇到忘记保存编辑后的文稿、计算机断电或死机的情况，为了避免此种情况发生，可以设置文稿备份管理，具体方法如下。

选择"文件"菜单的"备份与恢复"选项，在打开的子菜单中选择"备份中心"选项。此时会打开"备份中心"对话框，选择文件类型进行查找操作。用户还可以通过单击"备份中心"对话框的"本地备份设置"按钮，打开"本地备份设置"对话框进行备份设置，如图3-48所示。

图3-48 "本地备份设置"对话框

3.6.2 文件打包

当演示文稿有链接外部的音视频时，可以使用文件打包功能将幻灯片打包避免多媒体文件丢失，WPS演示文稿可将演示文稿打包成文件夹或者压缩文件，具体操作步骤如下。

单击"文件"菜单，在打开的下拉菜单中将鼠标指针移动至"文件打包"选项，出现"文件打包"子菜单后，用户可选择打包演示文稿的方式，如图3-49所示。

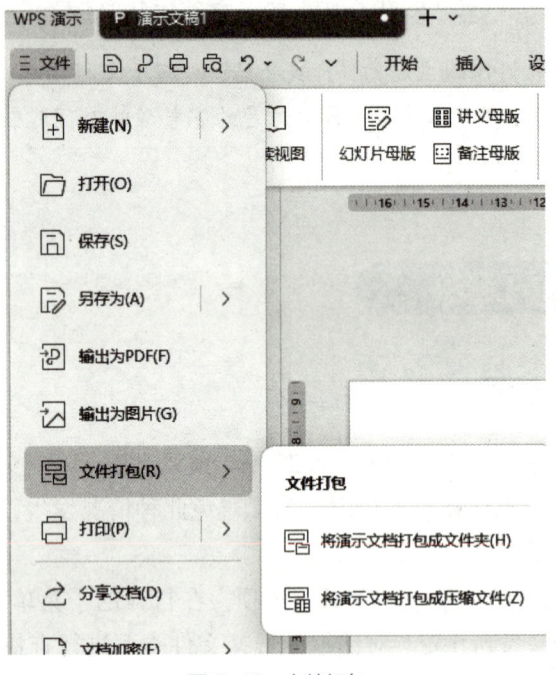

图3-49 文件打包

注意：如果文件未保存，会出现提示对话框，要先进行文件的保存。

此处以打包成文件夹为例，当选择"将演示文档打包成文件夹"选项时，会打开"演示文件打包"对话框，如图3-50所示，在对话框中填写文件夹名称与选择文件夹保存位置，单击"确定"按钮，完成演示文稿打包。如果想将其同时打包成一个压缩文件，只需勾选"同时打包成一个压缩文件"复选框完成操作。

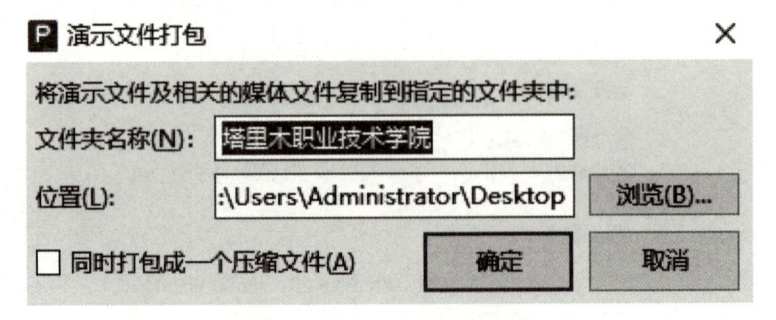

图3-50 "演示文件打包"对话框

3.6.3 演示文稿的打印

当一份演示文稿制作完成后，有时需要将演示文稿打印出来。WPS演示文稿允许用户以黑白方式来打印演示文稿的幻灯片、讲义、备注页或大纲视图。在文件打印前要先进行页面设置，页面设置是演示文稿显示、打印的基础。用户可以通过"设计"选项卡下的"幻灯片大小"命令进行幻灯片大小及相关页面的设置。打印前可在"打印"对话框进行相关设置。常见打开"打印"对话框的方法如下所示。

（1）单击"文件"按钮，选择"打印"选项。
（2）在快速访问工具栏中单击"打印"按钮。
（3）按下Ctrl+P组合键。

📝 实训 3-6

将"自我介绍"演示文稿打包

请将上一节中制作的主题为"自我介绍"的演示文稿进行打包，并将打包好的文件重命名为"班级＋姓名＋学号"，例如：23 汽修 2 班＋李锐＋20210124.zip，并将打包好的压缩包文件提交给任课教师。

3.7 夯实演示文稿制作技能基础

3.7.1 大学生活规划

任务描述：大学是人生的一个重要的阶段，在大学生活中，我们可以获取丰富的知识，培养独立思考的能力，从而为未来的职业生涯打下坚实的基础。请以"我的大学生活规划"为主题制作一篇演示文稿，内容可以从学习目标、社团活动、自我管理、自我提升等方面入手，不少于 5 页幻灯片。

按下列要求完成演示文稿的制作。

3.7.1.1 新建演示文稿

（1）题目围绕主题自拟。
（2）第一张是标题页，自己设计体现个人理解主题的标题版面。
落款是："单位：所在学院所在班级""主讲人：自己姓名"。
（3）第二张是提纲页，叙述文稿要点，可以用目录方式呈现。
（4）其他幻灯片是主题内容。
（5）在第三张幻灯片中插入一个图片或视频。

3.7.1.2 定义幻灯片母版

（1）标题的字体格式是 36 磅字、幼圆字体、居中、黑色加粗。

（2）其他页一级标题的字体格式是 28 磅字、宋体、左对齐、深蓝色。

（3）其他页二级标题及以下正文的字体格式是 24 磅字、宋体、左对齐、深蓝色。

（4）在底部中央设置 3 个动作按钮，分别用于前翻一页、后翻一页和结束放映，底部右下角显示页编号，页编号格式为 14 磅字、宋体、绿色。

3.7.1.3 动画设置

（1）第二张幻灯片的文本的动画要求为文本进入是"飞入"，单击启动，方向是"自左侧"，速度为"慢速"。

（2）其他幻灯片中的文本要求设置动画效果为"圆形扩展"。

（3）所有幻灯片切换方式设置为"百叶窗"，持续时间为 2 秒，声音为"风铃"，换片方式为"每隔 3 秒自动换片"。

3.7.1.4 格式要求

（1）设置页眉页脚，标题幻灯片不显示。

（2）页脚格式设置为"主讲人：自己姓名"。

3.7.1.5 提交演示文稿

将制作完成的"个人大学生活规划.pptx"文件提交给任课教师。

3.7.2 制作个人简历

按照要求完成演示文稿"个人简历.pptx"的制作。

（1）编辑母版，以纯色填充的方式设置母版背景。设置背景透明度为 30%，并应用于全部幻灯片。

（2）在演示文稿开头新增加 3 张幻灯片。第一张作为封面，将幻灯片设置为"标题幻灯片"版式，添加标题"《个人简历》"，设置字体格式为宋体、字号 70、深红，添加副标题"汇报人：×××"，设置字体格式为宋体、字号 24、深蓝。

（3）在第二张幻灯片中，插入 3 个文本框"个人信息""求职意向""获得荣誉"，设置字体格式为黑体、字号 40、黑色、加黑色下划线，并为文本框做"橙色"填充。

（4）在第三张幻灯片中，插入图片（个人证件照或生活照），设置图片大小为高 10 cm、宽 7 cm，水平位置："相对于""左上角""3 cm"；垂直位置："相对于""居中""2.5 cm"，并对图片以"圆角矩形"剪裁，设置蓝色边框，向右旋转 1 度，添加"半倒影，接触"效果。

（5）在第三张幻灯片中，插入一个 2 行×4 列表格，高度设置为 1.8 cm，宽度设置为 5 cm，分别填充姓名、性别、籍贯、年龄，设置字体格式为宋体、字号 24、深红、加粗，并对表格做"浅绿-暗橄榄绿渐变"填充，渐变样式设置为射线渐变-中心辐射，边框设置为深蓝色。

（6）为第一张幻灯片中的标题"《个人简历》"添加"放大/缩小"强调动画，对副标题添加"飞入"进入动画，方向是"自右侧"，应用高级日程表，为上述两个动画设置播放时间，标题"《个人简历》"为3秒，副标题为2秒，并且标题"个人简历"动画播放完，副标题动画才开始播放。为第三张幻灯片中的图片添加路径动画"八边形"。

（7）对第五张幻灯片使用SmartArt图形"交替图片块"，并在图片中插入"获奖证书"的素材，将第五张幻灯片中的文字按照顺序进行添加。

（8）分别给文本框"个人信息""求职意向"和"获奖证书"设置超链接，实现如下效果：在幻灯片放映过程中，当单击"个人信息"文本框时，页面跳转至第三张幻灯片；当单击"求职意向"文本框时，页面跳转至第四张幻灯片；当单击"获奖证书"文本框时，页面跳转至第五张幻灯片。

（9）为演示文稿设置百叶窗的切换效果，并应用于全部幻灯片。

3.7.3 中国传统节日

任务描述：中国是一个拥有悠久历史和丰富文化的国家，传统节日作为文化的重要组成部分，承载着中华民族的文化积淀和精神内涵。这些节日不仅是一种习俗和仪式，更是中华文明传承的重要载体，每个节日都有其独特的习俗和文化内涵。这些节日不仅是人们生活的点缀，更是中华民族精神文明的重要组成部分。在传承和发展这些传统节日的过程中，我们不仅需要关注习俗的形式和内容，更应注重其蕴含的文化意义和精神价值，让这些传统文化的瑰宝在新的时代背景下焕发出更加绚丽的光彩。

请从"春节""元宵节""清明节""端午节""中秋节""重阳节"中选择一个节日为其制作宣传文稿，素材自行收集。要求内容不少于12页，设计包括幻灯片母版、页面切换、动画效果、文本排版、超链接。完成后以"学号+班级+姓名"格式命名并保存提交。

知识拓展

（1）WPS演示文稿中的智能图形的常见应用场景有哪些？

（2）是否可以使用WPS演示文稿完成常用的图片抠图功能，如果可以，应该怎么做？

（3）怎样使用WPS演示文稿制作轮播大图，如果可以，具体操作步骤是什么？

拓展阅读

任务拓展

请借助WPS AI功能制作一份鉴赏《沁园春·雪》的演示文稿。

思考与练习

复习思考

（1）怎样在WPS演示文稿中设置动画路径？
（2）怎样在WPS演示文稿中加入交互式演示？
（3）怎样在WPS演示文稿中添加图表？

第 4 章

WPS 表格

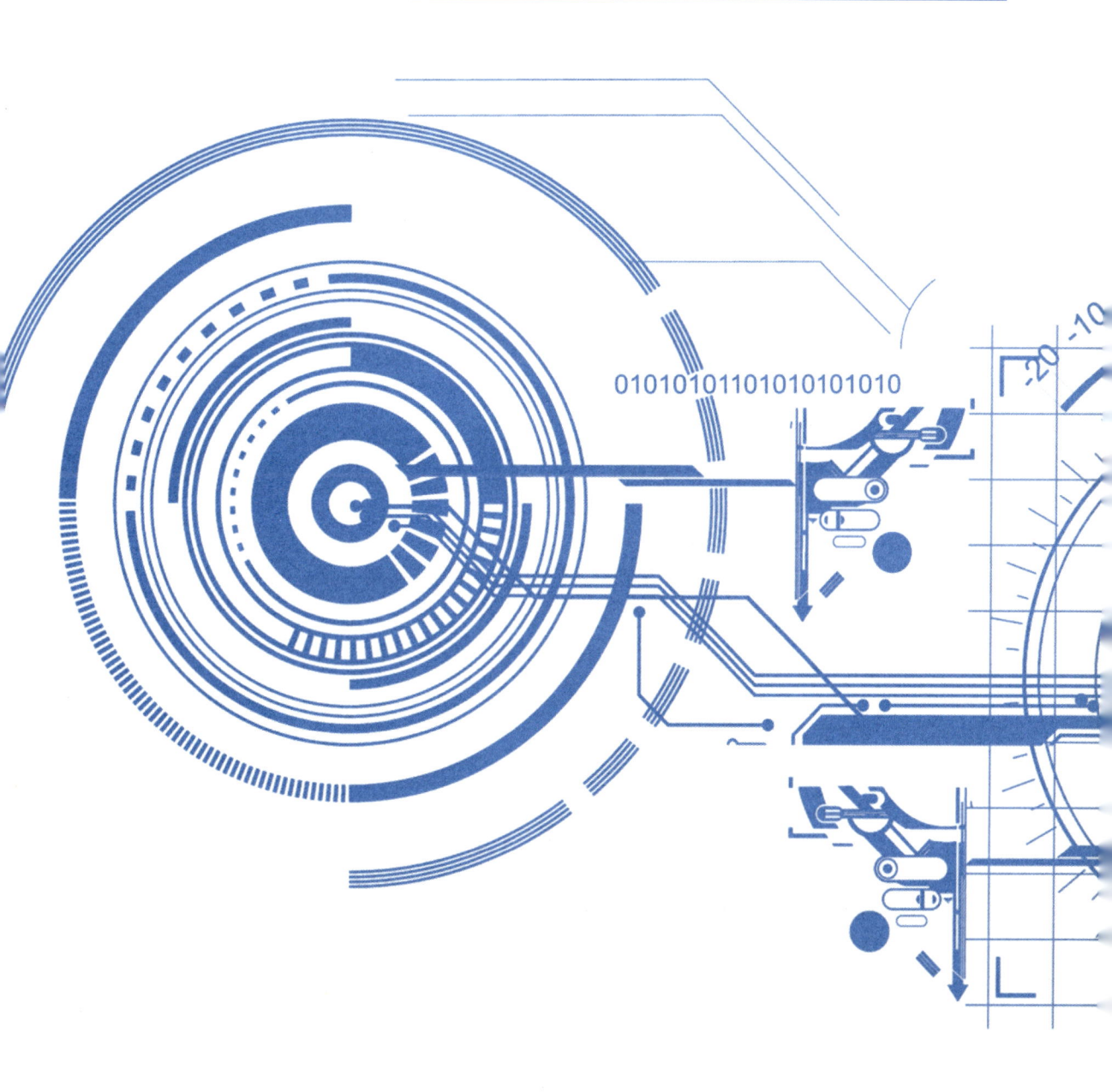

教学要求

知识目标

（1）掌握WPS表格的新建、打开、保存、重命名等基础技能。
（2）掌握WPS表格的单元格的选定、选择性粘贴等常用操作。
（3）掌握WPS表格常用逻辑函数、日期函数、文本函数的使用。
（4）掌握WPS表格的数据透视表的创建、编辑等知识。
（5）掌握WPS表格中可视化图表相关知识。

技能目标

（1）能够熟练使用WPS表格对数据进行筛选、排序、查找等常用操作。
（2）能够熟练使用WPS表格的逻辑函数、数学函数、文本函数、日期函数对数据进行处理。
（3）能够熟练使用WPS表格创建、编辑数据透视表，并利用数据透视表进行数据分析。
（4）能够熟练使用WPS表格创建数据可视化图表。

素养目标

（1）能遵守学校及实习室的各种规章制度，做到互助合作。
（2）培养吃苦耐劳、追求卓越的精神，具有良好的思想品德和职业素养。

教学建议

4.1 WPS表格的常用操作	4学时
4.2 WPS表格函数	8学时
4.3 WPS数据透视表	8学时
4.4 WPS图表可视化	4学时

　　WPS表格是WPS Office套件中的一个重要组成部分，专门用于创建、编辑、分析和管理电子表格数据。WPS表格与Microsoft Excel等同类软件相比具有高度兼容性，能够满足用户在日常办公、数据分析、财务管理、教学科研等场景下的多样化需求。

第4章 WPS 表格

本章通过实战案例全面展示 WPS 表格的基本操作、电子表格的格式设置、电子表格函数的使用、电子表格的图表制作等实战技能。

课程思政

鸿蒙操作系统（HarmonyOS）
——中国创新力量的璀璨结晶

在日新月异的全球化时代，操作系统作为信息技术领域的核心基础设施，其重要性不言而喻。其中，华为公司自主研发的鸿蒙操作系统（HarmonyOS），以其卓越的技术实力、创新的设计理念和广泛的生态应用，不仅在中国乃至在全球都引发了广泛关注，更成为我国科技创新实力的一张亮丽名片。

鸿蒙操作系统的研发始于2012年，华为在面临外部环境变化与技术自主可控需求的双重压力下，毅然启动了这一具有前瞻性和战略性的项目。鸿蒙操作系统的诞生，旨在打破长期以来由少数国外企业主导的操作系统市场格局，实现核心技术的自主可控，为我国的信息安全和数字经济的繁荣构建坚实基础。它的出现，不仅是华为应对挑战的战略举措，更是中国科技企业在关键领域实现自主创新、打破技术封锁的重要里程碑。

鸿蒙操作系统的诞生与崛起，不仅提升了中国在全球科技竞争中的地位，也为全球操作系统领域带来了新的竞争元素和创新动力。其独特的设计理念和技术优势，赢得了国内外用户的广泛认可，进一步推动了全球科技产业的多元化发展。面向未来，随着5G、AI、IoT等新技术的深入融合，鸿蒙操作系统引领万物互联时代的操作系统新潮流有望在更多领域发挥关键作用。鸿蒙操作系统作为中国科技创新的重要成果，以其先进的设计理念、强大的技术实力和广阔的应用前景，正在书写中国科技自立自强的新篇章。它不仅是中国企业应对复杂国际环境、实现核心技术自主可控的成功实践，也是推动全球科技产业创新发展的强大引擎。我们有理由期待，在不久的将来，鸿蒙操作系统将在全球舞台上绽放更加耀眼的光芒，将为构建网络空间命运共同体贡献更多的中国智慧和中国方案。

我们应该努力学习华为精神，学习华为人吃苦耐劳、爱岗敬业、艰苦奋斗、精诚合作、精益求精、诚实守信等宝贵品质。这些品质将激励我们在自己的工作和生活中不断追求进步和卓越，为实现中华民族不断攀登科技高峰、实现全球范围内的科技遥遥领先贡献自己的力量。

4.1 WPS表格的常用操作

本节学习的主要目的是通过具体的实例，掌握工作簿、工作表、单元格以及单元格数据处理的常用操作。

4.1.1 单元格的选定

WPS表格单元格中的数据，主要有五种数据类型：数值、文本、空值、逻辑值、错误值等。请打开随书素材"4.1.1 单元格的选定.xlsx"文件。

通过观察，可以发现，素材文件中的五种类型数据，都是连续分布的，我们需要通过操作同时选中每种数据类型的全部数据。这就引出了本小节的主要内容：单元格的选定。

4.1.1.1 选中连续的单元格

（1）按住鼠标左键连续拖拽。
（2）同时按住Ctrl+Shift键，再按住上下左右箭头（↑、↓、←、→）。
（3）按住Shift键，再单击单元格边线，即Shift+双击边线。

4.1.1.2 选中非连续的单元格

（1）按住Ctrl键，然后使用鼠标左键，连续单击需要选中的单元格。
（2）在地址框输入单元格地址，用英文逗号隔开，按回车键。

4.1.1.3 特殊单元格的定位

（1）快速切换到工作表表尾。Ctrl+Home（快速定位表头），Ctrl+End（快速定位表尾）。
（2）快速切换到数据区域的边界。选中某一单元格，按住Ctrl键，然后按↑、↓、←、→键，可以快速切换到数据区域边界。
（3）选中某一个单元格，双击单元格边线，快速返回到数据区域的边界。
（4）定位特殊单元格。Ctrl+G定位空值、数值、文本、逻辑值和错误值。

操作步骤：在打开的工作簿中选择"开始"选项卡，单击"查找"下拉按钮，选择定位。

其中，数字、文本属于常量（O），逻辑值、错误属于公式（R），另外有一个单独项是空值，例如：当选中数字时，筛选结果如图4-1所示，所有数据类型为数字的背景色就变为浅灰色。

1	1	1	1	1	1	5
2	2	2	2	2	2	A
3	3	3	3	3	3	B
4	9	5	FALSE	FALSE	4	C
5	5		TRUE	TRUE	5	D
6	6		6	6	0	E
7	7		7	7	7	b
8	8		8	8	0	a
9	9		#NAME?	9	0	9
10	10		#DIV/0!	10	10	10
11	11	11	9	11	11	11

图 4-1　定位所有数字

至此，我们学会了常用操作中的单元格定位，在数据量很大的时候，我们能够快速地定位到空值、逻辑值、错误值等。

4.1.2　选择性粘贴

复制、粘贴功能是我们日常使用WPS文字、WPS演示文稿中常用到的功能。其实在WPS表格的日常使用中，也经常需要用到复制、粘贴功能来处理各种数据，但同学们在日常使用粘贴功能时，只是简单使用复制、粘贴数值，但其实复制、粘贴功能还可以复制、粘贴公式、格式、运算，还可以使用复制、粘贴功能对表格进行转置（行列互换）。打开随书素材"4.1.2 选择性粘贴.xlsx"文件，如图 4-2 所示。

①数值

产品名称	销售数量	销售单价	销售金额
产品A	20	1500	30000
产品B	15	799	11985
产品C	22	1200	26400

产品名称	销售金额
产品A	
产品B	
产品C	

②公式

产品名称	销售数量	销售单价	销售金额
产品A	20	1500	30000
产品B	15	799	11985
产品C	22	1200	26400

产品名称	销售数量	销售单价	销售金额
产品D	23	1100	
产品E	17	599	
产品F	25	100	

③格式

产品名称	销售数量	销售单价	销售金额
产品A	20	1500	30000
产品B	15	799	11985
产品C	22	1200	26400

图 4-2　4.1.2 选择性粘贴.xlsx

通过选择性粘贴复制数值型数据，选中①数值中销售金额的部分数据，右击选择"复制"选项。

右击右侧的销售金额列，打开快捷菜单，选择"选择性粘贴"选项，如图 4-3 所示。

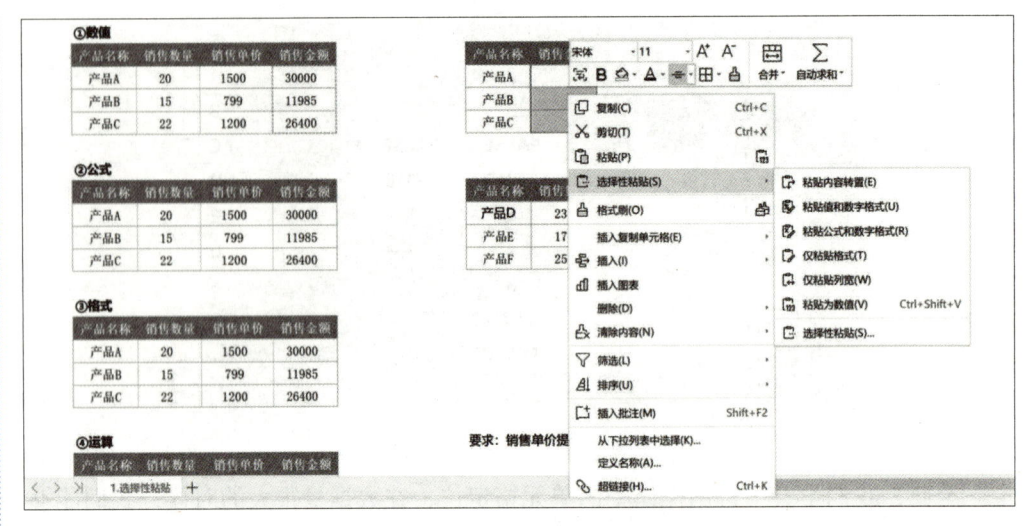

图 4-3　选择性粘贴

在打开的"选择性粘贴"对话框中，选择"数值"选项，单击"确定"按钮，如图 4-4 所示。

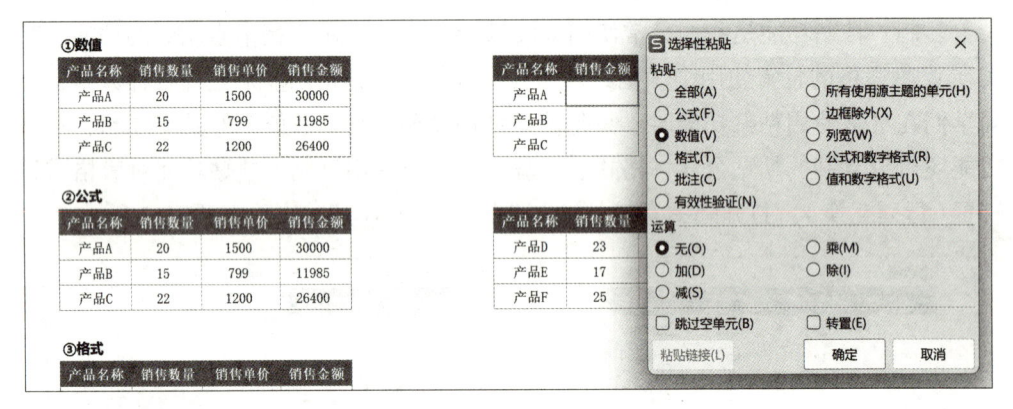

图 4-4　选择性粘贴（数值）

选择性粘贴（数值）最终结果，如图 4-5 所示。

图 4-5　选择性粘贴（数值）最终结果

选择性粘贴的粘贴公式、格式等初始操作和选择性粘贴（数值）的操作步骤都是一致的，先复制，再选择选择性粘贴，只是在选择选择性粘贴的项的时候，选择对应的公式、格式单选按钮，若在"选择性粘贴"对话框中，选择"公式"单选框，如图 4-6 所示。

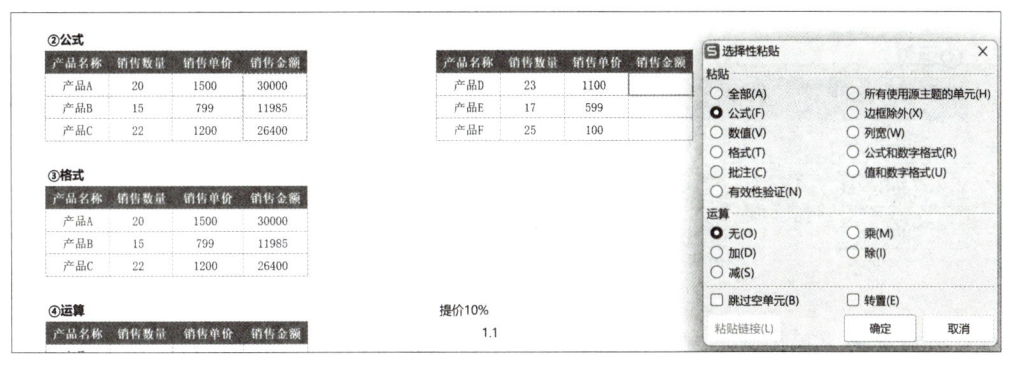

图 4-6　选择性粘贴(公式)

若在"选择性粘贴"对话框中，选择"格式"单选框，如图 4-7 所示。

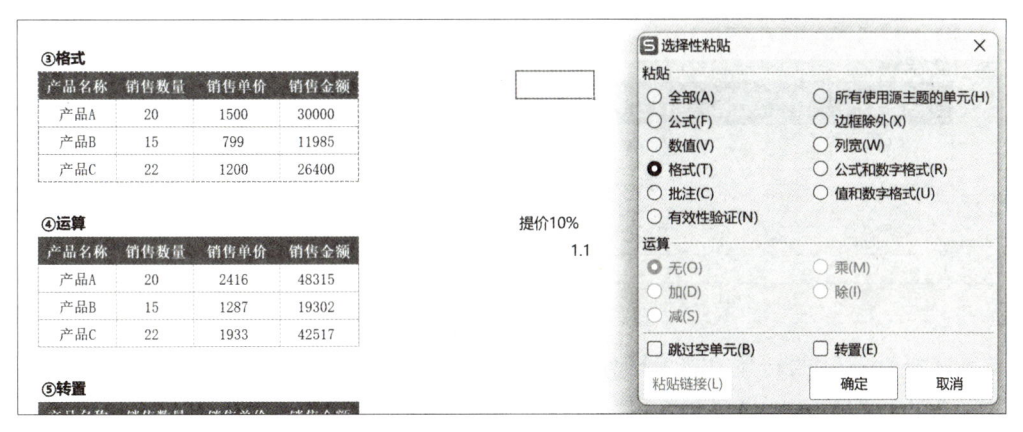

图 4-7　选择性粘贴(格式)

针对选择性粘贴的运算操作，具体操作步骤和选择性粘贴公式、选择性粘贴格式略有不同，首先要求是提价 10%，提价指的是销售单价，所以操作的第一步，是在一个空白单元格输入数字 1.1，选中 1.1 所在单元格，右击选择"复制"按钮，然后选中④运算销售单价一列的数据，右击选择"选择性粘贴"选项。在打开的对话框中选择"运算"中"乘"单选框，单击"确定"按钮，如图 4-8 所示，结果如图 4-9 所示。

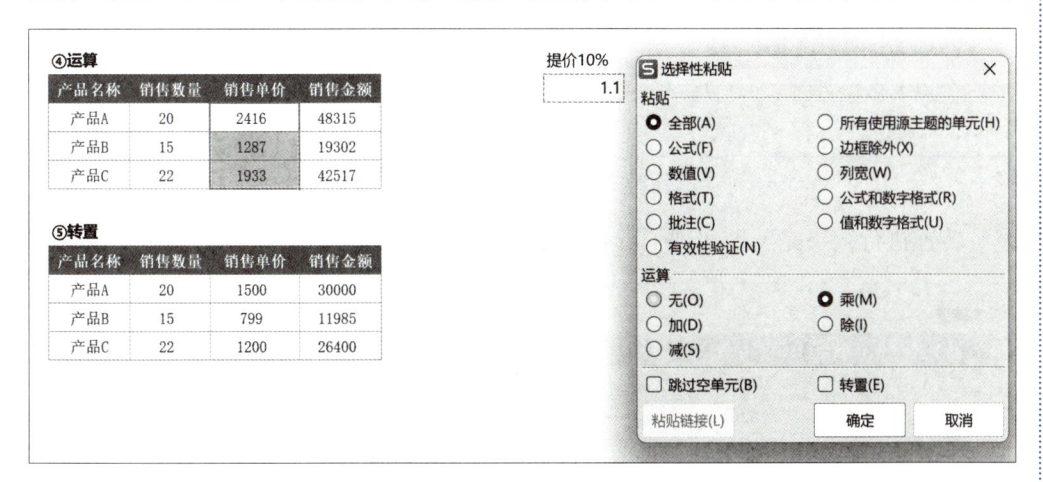

图 4-8　选择性粘贴(运算-乘)

图 4-9　选择性粘贴(运算-乘)结果

执行完成之后发现，销售单价列数据小数点后有四位小数，我们需要使用格式刷功能，将数据格式统一。选中销售数量列的三个数据，单击开始选项卡下格式刷按钮，完成。格式刷功能执行结果如图 4-10 所示。

图 4-10　格式刷功能执行结果

选择性粘贴的转置功能(行列互换)和选择性粘贴数值功能唯一有区别的是，在打开的"选择性粘贴"对话框中，单击"转置"按钮，如图 4-11 所示。

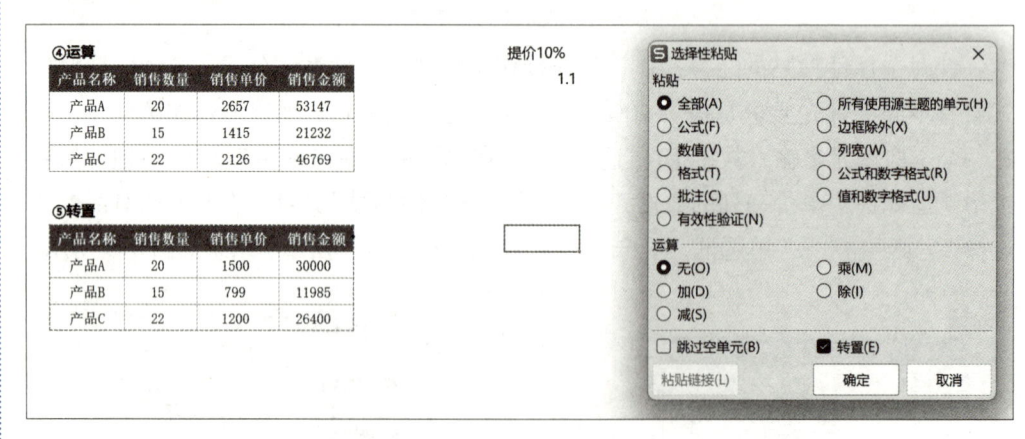

图 4-11　选择性粘贴(转置)

转置执行结果完美地实现了行列互换，如图 4-12 所示。

图 4-12　选择性粘贴(转置)结果

4.1.3 快速填充

我们在日常工作生活中，经常需要在表格的某一列或者某几列中填充一些有规律的数据，比如说学生的学号、日期（年、月、日）、手机号码、身份证号、等差数列、等比数列等，这些数据如果一个一个的手动输入，是非常耗时耗力的，WPS 表格提供了一系列的快捷输入方式，接下来我们按照实例，进行逐个讲解。打开随书素材“4.1.3 快速填充.xlsx”文件，文件内容如图 4-13 所示。

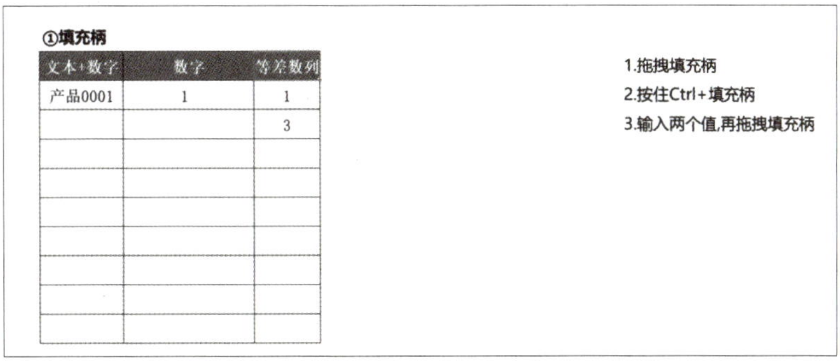

①填充柄

文本+数字	数字	等差数列
产品0001	1	1
		3

图 4-13　左键填充柄（填充）

现在有一个表格，表格中有三列，分别要求输入文本+数字、数字、等差数列，我们该如何快速地完成任务呢？

针对文本+数字类型的这一列数据，先选中“产品 0001”所在的单元格，将鼠标放置在单元格右下角，当鼠标光标变为“+”时，按住鼠标左键，直接拖拽到这一列的单元格的末尾，松开鼠标左键，我们发现这一列数据已经完成了自动填充，效果如图 4-14 所示。

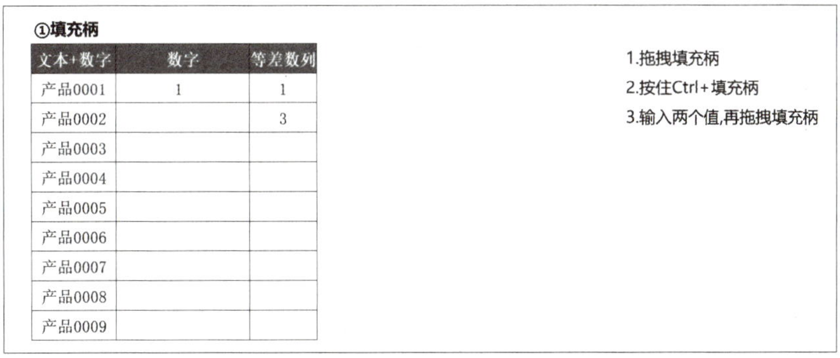

①填充柄

文本+数字	数字	等差数列
产品0001	1	1
产品0002		3
产品0003		
产品0004		
产品0005		
产品0006		
产品0007		
产品0008		
产品0009		

图 4-14　左键填充柄（文本+数字）

针对纯数字类型数据，先选中数字这一列的数字“1”所在的单元格，将鼠标光标放置在单元格的右下角，当光标变为“+”时，按住鼠标左键，直接拖拽鼠标，直至数字列的末尾松开鼠标左键，数字列数据完成了自动填充操作，如图 4-15 所示。

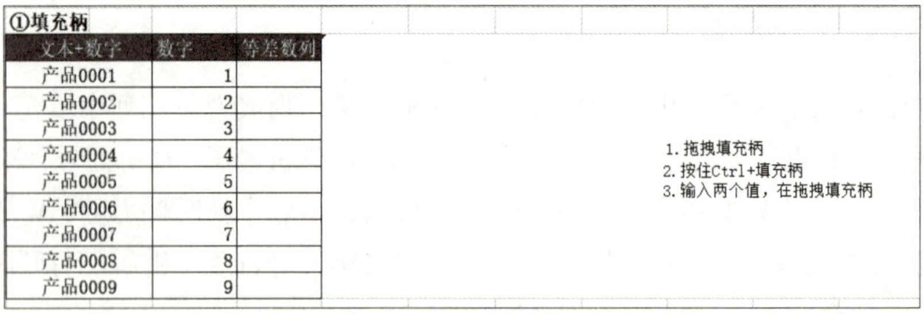

图 4-15　左键填充柄（数字）

第三列标题是等差数列，等差数列的处理与文本+数字和纯数字是不同的，处理等差数列的时候需要同时输入两个数字，例如直接输入 1、3 两个数字，接下来按住 Ctrl 键同时选中 1 和 3 两个数字所在的单元格，将鼠标光标放置在"3"单元格的右下角，当鼠标光标变为"+"时，按住鼠标左键向下拖拽，直至本列单元格的末尾松开鼠标左键，完成等差数列数据的自动填充，如图 4-16 所示。

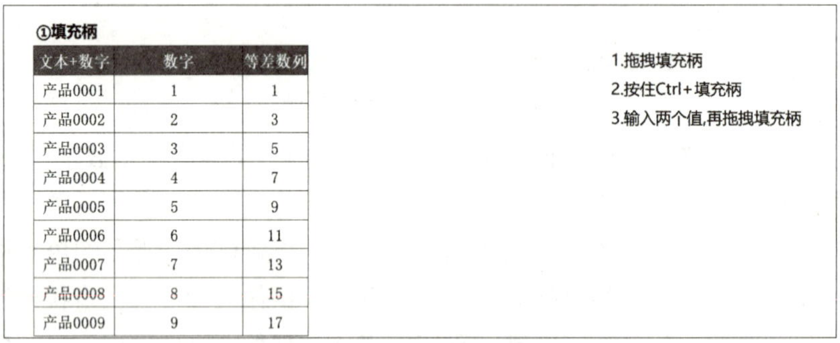

图 4-16　左键填充柄（等差数列）

以上数据的自动填充都是通过鼠标左键完成的，接下来的任务需要通过操作鼠标右键，来完成相关数据的自动填充，还需要完成等比数列、日期填充、逐月填充、逐年填充 4 项。

首先我们完成等比数列的自动填充操作，在等比数列的单元格下面输入一个数据，比如输入 2，单击数据"2"所在的单元格，将鼠标光标放置在数据"2"所在的单元格的右下角，当光标变为"+"时，按住鼠标右键，将鼠标向下拖拽直至本列数据的末尾，松开鼠标右键，会打开一个快捷菜单，在快捷菜单最后一项选择序列，会打开一个对话框，如图 4-17 所示。

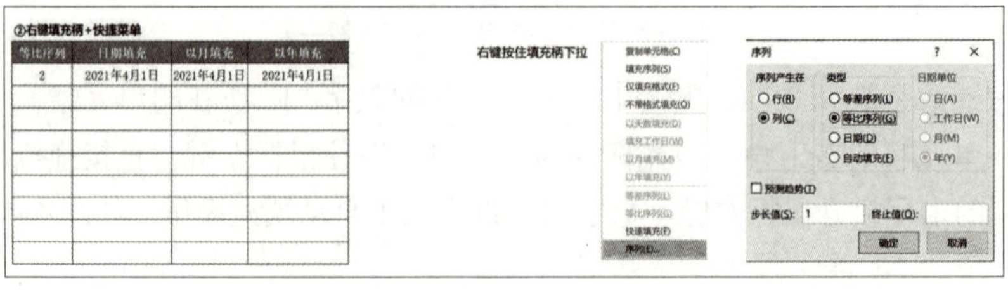

图 4-17　右键填充柄（等比数列）

注意：在"序列产生在"对应的单选按钮中选择"列"，在"类型"对应的单选按钮中选择"等比序列"，在"步长"对应的文本框中填写"4"，单击"确定"按钮，最终结果如图4-18所示。

②右键填充柄+快捷菜单

等比序列	日期填充	以月填充	以年填充
2	2021年4月1日	2021年4月1日	2021年4月1日
8			
32			
128			
512			
2048			
8192			
32768			
131072			

图4-18 右键填充柄（等比数列）结果

其次完成日期填充操作，前面的操作步骤都是相同的，区别在于在打开的对话框"类型"对应的单选按钮中选择"日期"，在"日期单位"对应的单选按钮中选择"日"或者"工作日"，"工作日"与"日"的区别是会自动过滤掉周末，"步长值"对应的文本框中默认填写"1"，也可以手动修改为需要的值，如图4-19所示。

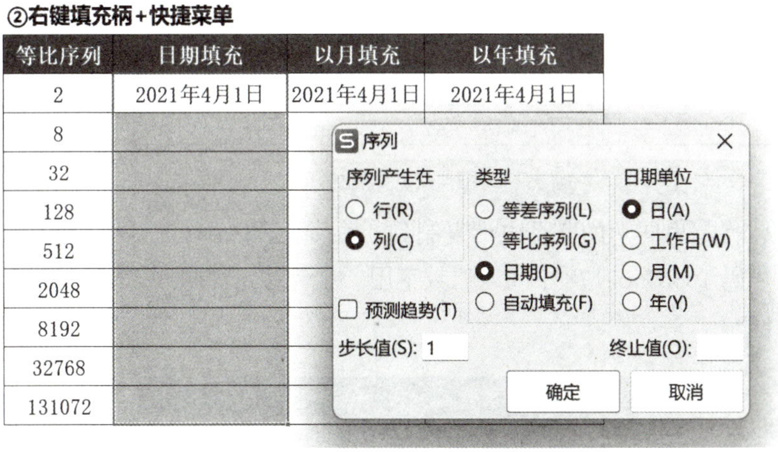

②右键填充柄+快捷菜单

等比序列	日期填充	以月填充	以年填充
2	2021年4月1日	2021年4月1日	2021年4月1日
8			
32			
128			
512			
2048			
8192			
32768			
131072			

图4-19 右键填充柄（日）

最后完成按月填充和按年填充操作，只需要在"日期单位"那一列做简单修改，按月填充需要选择单选按钮"月"，按年填充需要选择单选按钮"年"，最后结果如图4-20所示。

② 右键填充柄+快捷菜单

等比序列	日期填充	以月填充	以年填充
2	2021年4月1日	2021年4月1日	2021年4月1日
8	2021年4月2日	2021年5月1日	2022年4月1日
32	2021年4月3日	2021年6月1日	2023年4月1日
128	2021年4月4日	2021年7月1日	2024年4月1日
512	2021年4月5日	2021年8月1日	2025年4月1日
2048	2021年4月6日	2021年9月1日	2026年4月1日
8192	2021年4月7日	2021年10月1日	2027年4月1日
32768	2021年4月8日	2021年11月1日	2028年4月1日
131072	2021年4月9日	2021年12月1日	2029年4月1日

图 4-20 右键填充柄（年）

在日常生活中，个人的手机号码和身份证号码都是必须保密的个人关键信息，在WPS表格中避免直接展示完整的手机号码和身份证号码，常用的操作方式是将手机号码和身份证号码中间几位使用"*"号代替。在日常签收的快递单上不会显示收件人的完整姓名与手机号，这是为了保护消费者的个人隐私。

如图 4-21 所示，我们现在有一个班级学生信息电子表格，其中有两列是身份证号码和手机号码，现在需要将手机号码、身份证号码的中间 4 位用"*"代替。

姓名	性别	身份证号	联系电话	联系电话（****）	身份证号
赵思	女	130826198709202199	13363662178		
牛云	女	130826198809202110	13363662103		
李月姚	男	130826198909202155	13363660089		
钱多	女	130826199009202166	13363661234		
孙小圣	男	130826199109202122	13363669908		
赵琦	女	130826199209202177	13363667788		
周周	男	130826199309202165	13363663366		

图 4-21 学生信息

首先，将赵思同学的联系电话复制到"联系电话（****）"对应的单元格中，并且将手机号码 13363662178 中间 4 位数字用"*"代替，如图 4-22 所示，选中替换后的单元格。

	联系电话	联系电话（****）	
3日	13363662178	133****2178	
日	13363662103		
日	13363660089		
日	13363661234		
日	13363669908		
日	13363667788		
日	13363663366		

图 4-22 手机号（*）替换

其次，选择"数据"选项卡，单击"填充"按钮，选择"智能填充"选项，如图4-23所示，"联系电话（****）"这一列剩余的数据，会自动完成数据填充，手机号码中间4位都已经被替换为"****"，结果如图4-24所示。

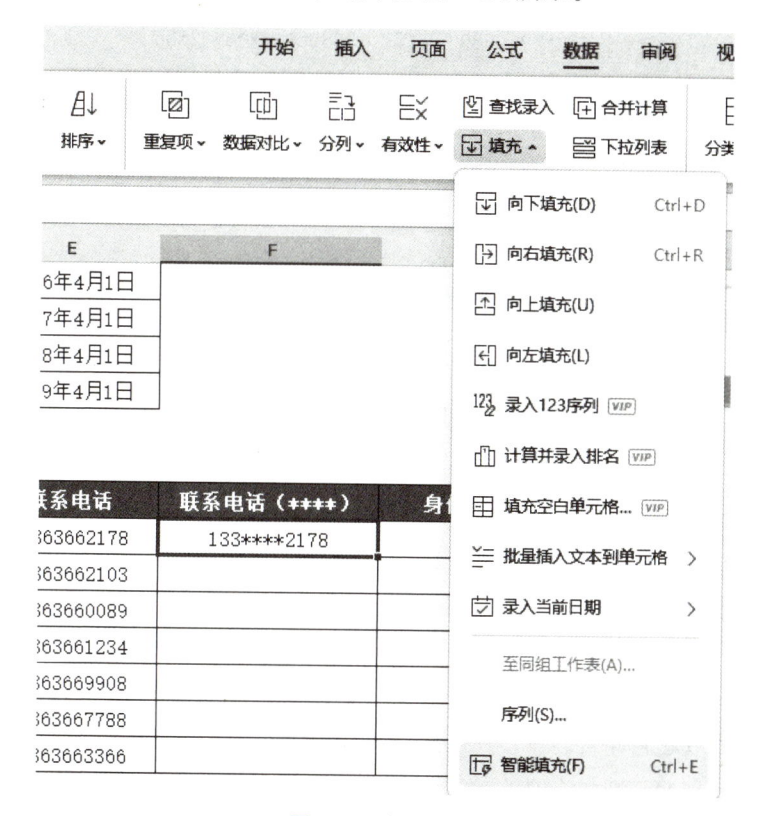

图4-23 智能填充

联系电话	联系电话（****）
13363662178	133****2178
13363662103	133****2103
13363660089	133****0089
13363661234	133****1234
13363669908	133****9908
13363667788	133****7788
13363663366	133****3366

图4-24 手机号智能填充结果

接下来我们以快捷键的方式完成数据的智能填充。替换身份证号码中间4位为"****"，重复单击"智能填充"按钮之前的操作步骤。选中已经被替换为"****"号的身份证号码所在的单元格，直接按Ctrl+E键完成自动填充，结果如图4-25所示。

联系电话（****）	身份证号
133****2178	130826********2199
133****2103	130826********2110
133****0089	130826********2155
133****1234	130826********2166
133****9908	130826********2122
133****7788	130826********2177
133****3366	130826********2165

图 4-25　身份证号智能填充结果

其实将手机号或者身份证号中间几位替换成"*"的方式不只有智能填充一种方式，还可以使用WPS表格的函数来完成，且有多个函数都可以实现此功能，具体实现方式在WPS表格函数部分再进行详细介绍。

4.1.4　查找与替换

在WPS表格中，查找和替换是非常常用的功能，可以帮助我们快速定位并修改数据，接下来我们来学习查找与替换。经常我们拿到一份WPS表格数据的时候，都不是一份标准的数据，需要我们对数据进行统一。打开随书素材"4.1.4 查找替换.xlsx"文件。

按要求完成题目中需求1，在籍贯中只保留下省份。

首先，需要将"地址"列的数据复制到"省"一列中，保留原始数据作为对照，如图4-26所示。

①通配符
* 匹配0个或多个任意字符
? 匹配1个任意字符

需求
1.籍贯只留下省份
2.籍贯只留下市

姓名	出生日期	地址	省	市
刘XX	2001/3/21	北京市		
章XX	2000/12/1	浙江省金华市		
周XX	2000/8/30	湖北省武汉市		
其米X	1999/10/7	贵州省贵阳市		
刘XX	1999/10/8	重庆市		
王XX	1999/10/9	四川省成都市		
陈XX	1999/10/10	福建省厦门市		
阿依XX古丽·克热木	1998/2/21	广东省深圳市		

图 4-26　复制"地址"列数据

常用的通配符有"？""*""？"号代表的是一个字符，"*"号代表的是多个字符，这里需要注意，"？""*"必须是半角状态，在很多情况下都是因为写成中文字符造成错误。

依据需求1要求，籍贯只留下省份，通过观察我们发现把省后面的内容去掉要用到通配符"*"，"*"号可以匹配0个或者多个字符，也就是可以匹配金华市、武汉市、贵阳市等，在"查找内容"对应的文本框中输入"省*"，"替换为"对应的文本框中输入"省"，单击"全部替换"按钮，如图4-27所示。

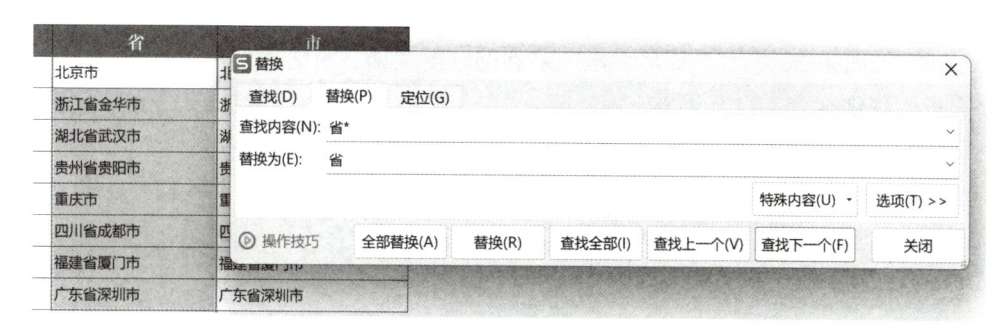

图4-27 "替换"对话框

执行结果如图4-28所示。

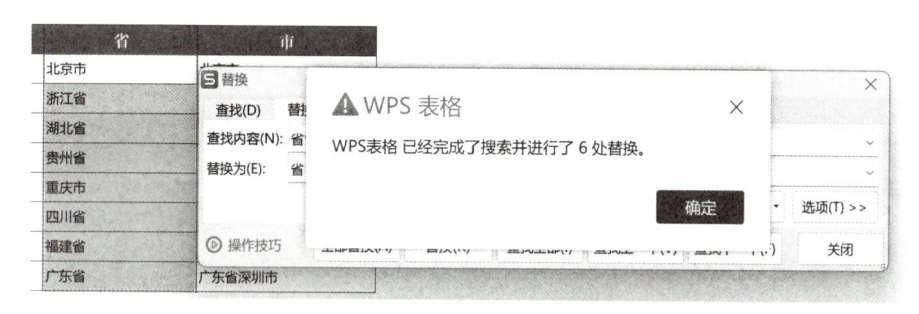

图4-28 "省"替换结果

市与省这一列的操作方式是一样的，只是将省前面的数据进行替换，在"查找内容"对应的文本框中填写"*省"，在"替换为"对应的文本框中不填写任何内容，如图4-29所示。

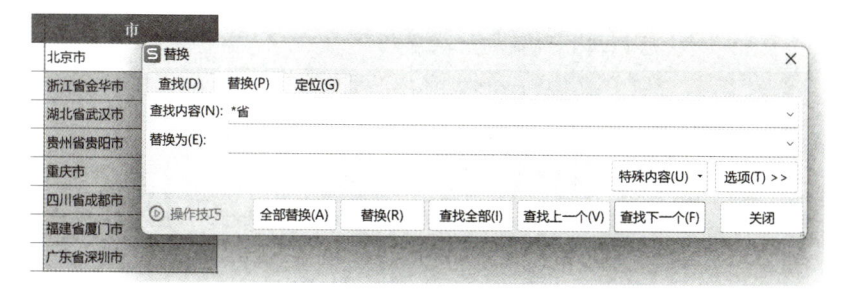

图4-29 "市"这列的替换操作

4.1.5 数据分列

在日常工作生活中，我们会经常遇到需要在身份证号中提取关键信息的情况，身份证号码包含每个人的出生日期、性别、出生的省份等关键信息，我们通过任务4.1.5中的子任务1学习从身份证号码中提取每个人的生日信息。

（1）我们先打开随书素材"4.1.5分列.xlsx"。

（2）选中身份证号码所在的单元格，这里需要注意，素材中身份证号码看起来占据了A、B、C三个单元格，如果我们把A列调宽，会发现身份证号码其实只占据了A列，如图4-30所示，日常工作中拿到的数据表格，有时候是不符合规范的，需要同学们仔细观察，自行调整。

图4-30 调整A列列宽

（3）选中身份证号码所在单元格，选择"数据"选项卡，单击"分列"下拉按钮，选择"分列"选项，打开"分列设置"对话框，如图4-31所示。

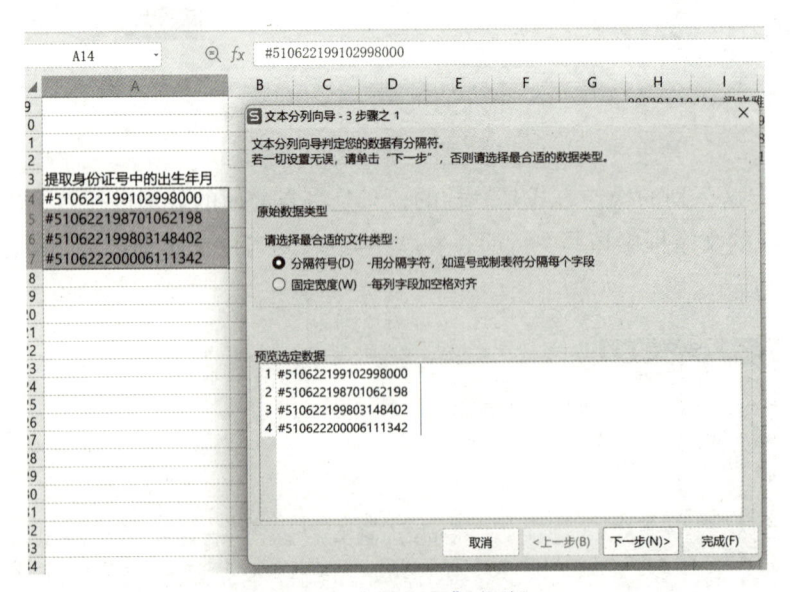

图4-31 "分列设置"对话框

（4）单击"固定宽度"单选按钮，单击"下一步"按钮，按照提示建立数据分割线，如图4-32所示。

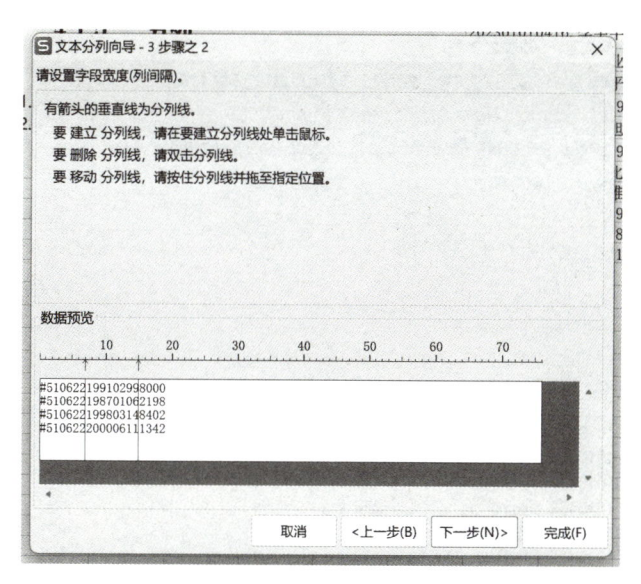

图 4-32　建立分割线

（5）确认分割线正确无误后，单击"下一步"按钮，这里需要注意，身份证号码中从左向右数第 7 位开始连续 8 个数字就是身份证号码中的出生日期。在接下来的对话框中，需要选择"日期"单选按钮。

（6）单击"完成"按钮，我们就完成了从身份证号码中提取出生日期信息，将原本 A 列中的数据分成 A、B、C 三列，其中 B 列中的数据就是身份证号码中对应的出生日期信息，如图 4-33 所示。

图 4-33　提取出生日期

接下来我们完成子任务 2，子任务 2 中，我们获得了一份数据，通过观察发现，这份数据是 2023 届 11 位同学的学期成绩，而且这份数据很有规律，每个数据之间是以半角","分割，我们需要把这份数据拆分成符合规范的子项并且分布在对应的单元格中，详细操作步骤如下。

（1）选中数据，这里需要注意，虽然这些数据看起来占用了十几列，但实际上只占用了 H 列，选中 H 列对应的数据所在的单元格。

（2）选择"数据"选项卡，单击"分列"下拉按钮，单击"分列"按钮，在打开的分列对话框中选择"分隔符号"单选按钮。

（3）单击"下一步"按钮，在打开的对话框中，选择"逗号"作为分隔符号，如图 4-34 所示。

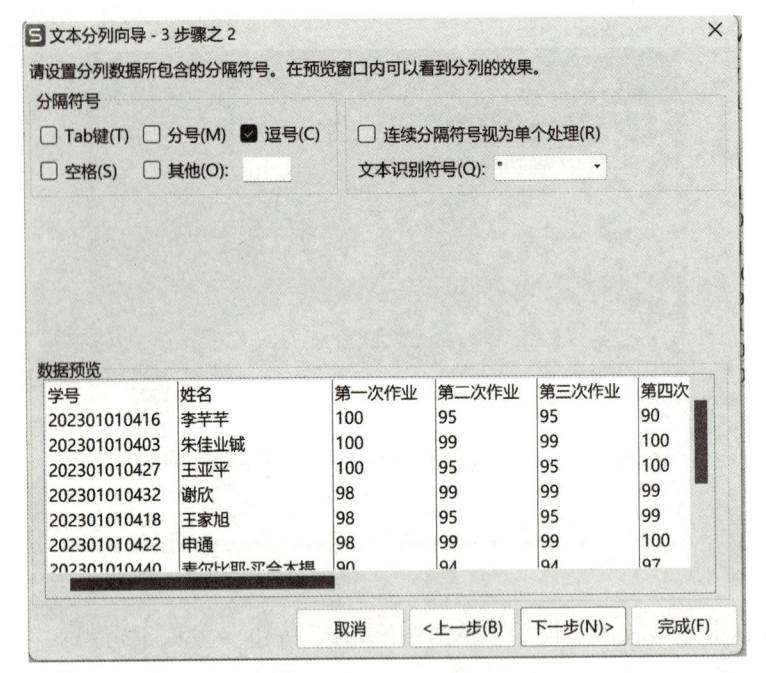

图 4-34　分隔符号"逗号"

（4）在数据预览中，我们已经实现将原本一列数据分成对应的多列数据，确认无误后，单击"下一步"按钮，在打开的对话框中，选择"文本"单选按钮。

（5）确认无误后，单击"完成"按钮，将原本不符合规范的数据分割成多列数据，最终数据结果如图 4-35 所示。

学号	姓名	第一次作业	第二次作业	第三次作业	第四次作业	第五次作业	期中测评	第六次作业	第七次作业	第八次作业	第九次作业	期末测评	总成绩
2023010	李芊芊	100	95	95	90	100	100	100	100	100	100	95	97.61
2023010	朱佳业铖	100	99	99	100	100	90	80	100	100	100	100	96.02
2023010	王亚平	100	95	95	100	100	100	100	100	100	100	95	95.06
2023010	谢欣	98	99	99	99	99	90	70	95	100	90	100	94.73
2023010	王家旭	98	95	95	99	100	99	0	90	100	100	100	94.23
2023010	申通	98	99	99	100	100	100	100	92	100	100	90	93.47
2023010	麦尔比耶	90	94	94	97	100	100	100	100	70	100	85	92.61
2023010	梁晓雅	91	99	99	99	97	100	70	100	100	90	100	91.56
2023010	刘卓	90	99	99	100	100	100	60	97	100	0	100	89.58
2023010	黄琛	88	98	98	96	100	100	100	100	100	0	80	88.22
2023010	王丹	100	99	99	95	100	90	98	100	80	70	80	87.58

图 4-35　拆分数据

相比于原始数据的杂乱无章，分割后的数据清晰明了，方便对学生成绩的进一步处理。

4.1.6　高级筛选

在日常工作学习中，经常需要在一系列数据中定位并快速查找到某些特定数据，这个时候，就会用到 WPS 表格的筛选功能。筛选分为普通筛选和高级筛选两种，对于大多数情况来说，普通筛选就能够满足，但对于一些特殊情况，就需要用到高级筛选功能。接下来我们开始学习筛选功能。

第4章
WPS 表格

打开随书素材"4.1.6 高级筛选.xlsx 文件",素材中有两份数据,将鼠标光标定位到左边的数据区域,选择"开始"选项卡,单击"筛选"按钮,会发现左边数据区域的标题上都会出现一个下拉小三角按钮,再次单击"筛选"按钮,下拉小三角会再次消失。这里需要注意,只要定位到左边的数据区域,不需要强制定位到左边数据区域的蓝色标题部分,如图4-36所示。

图4-36 定位筛选区域

单击下拉小三角按钮,通过勾选下拉按钮的单选框可以实现表格数据的简单搜索,多个标题的下拉按钮可以配合使用,实现多条件搜索,如图4-37所示。

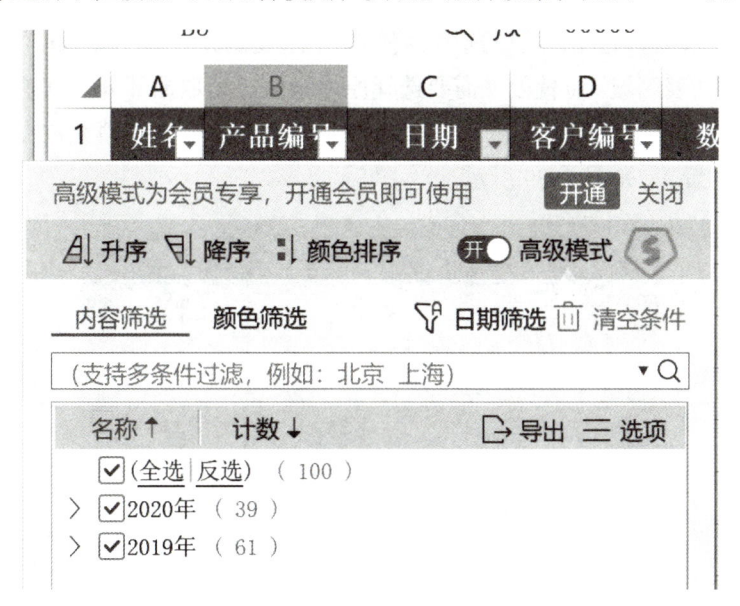

图4-37 简单筛选

注意,在"开始"选项卡中有"筛选"按钮,在"数据"选项卡下,也能够找到"筛选"按钮。

接下来学习高级筛选。在日常工作学习中,查找符合一定范围条件的模糊查找,就需要使用到高级筛选。例如素材中,李老师在本学期的WPS办公应用课程中总共布置了六次作业并将每位同学这六次作业的成绩统计到一个WPS表格中,现在李老师需要快速查找六次作业中每次作业成绩都在90分以上的同学和六次作业中有一次或一次以上作业成绩在90分以上的同学。

我们先来查找六次作业中每次成绩都在90分以上的同学。具体操作步骤如下。

（1）选择"开始"选项卡的"筛选"下拉按钮，单击"高级筛选"按钮，打开"高级筛选"对话框，如图4-38所示。

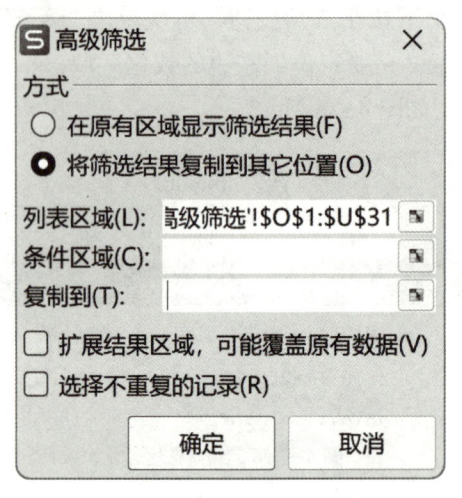

图4-38 "高级筛选"对话框

在"高级筛选"对话框中，"方式"有两个对应的单选按钮，由于我们需要将原始数据保留下来作为对照，所以选择"将筛选结果复制到其他位置（O）"单选按钮。

（2）在"列表区域"位置处，需要选择原始学生成绩数据部分，也是学生编号的位置，将光标定位到列表区域的位置，选择完整数据后会自动填充数据（右侧绿色光标框住的位置），如图4-39所示。

学生编号	一次作业	二次作业	三次作业	四次作业	五次作业	六次作业
A0001	98	78	100	84	60	66
A0002	59	83	75	86	91	65
A0003	94	87	65	63	67	73
A0004	82	92	63	70	92	93
A0005	72	63	93	64	73	79
A0006	99	78	61	99	59	86
A0007	68	76	97	62	83	71
A0008	99	100	92	91	98	93
A0009	66	93	71	70	92	93
A0010	75	75	95	94	98	70
A0011	91	98	93	94	98	99
A0012	67	85	75	84	92	90
A0013	65	96	99	68	90	69
A0014	92	71	84	68	80	93
A0015	77	83	91	98	78	65
A0016	62	90	70	71	95	75
A0017	99	81	68	58	68	69
A0018	71	83	59	97	59	67
A0019	73	79	95	98	61	72

图4-39 自动填充数据

这里有一个选择数据的快捷方式，选中"学生编号"→"第六次作业"第一行后，按住Ctrl+Shift+↓快捷键，可以快速选中整个数据区域。

（3）在"条件区域"位置处，填写条件区域地址，如图4-40所示。

一次作业	二次作业	三次作业	四次作业	五次作业	六次作业
>=90	>=90	>=90	>=90	>=90	>=90

图 4-40　条件区域

（4）在"复制到"位置处，单击空白处单元格，确认数据无误后，单击"确定"按钮，最终筛选出来A0008、A0011两位同学六次作业的成绩都是90分以上，如图4-41所示。

备注：当条件区域的数据在同一行为AND逻辑，表示每一次作业的成绩都在90分以上，在不同行为OR逻辑，表示六次作业中只要有一次作业成绩在90分以上就满足条件。

学生编号	一次作业	二次作业	三次作业	四次作业	五次作业	六次作业
A0008	99	100	92	91	98	93
A0011	91	98	93	94	98	99

图 4-41　六次作业成绩都在 90 分以上的同学

请同学们自行将六次作业中有一次成绩在90分以上的同学筛选出来（切换条件区域位置），最终结果如图4-42所示。

学生编号	一次作业	二次作业	三次作业	四次作业	五次作业	六次作业
A0001	98	78	100	84	60	66
A0002	59	83	75	86	91	65
A0003	94	87	65	63	67	73
A0004	82	92	63	70	92	93
A0005	72	63	93	64	73	79
A0006	99	78	61	99	59	86
A0007	68	76	97	62	83	71
A0008	99	100	92	91	98	93
A0009	66	93	71	70	92	93
A0010	75	75	95	94	98	70
A0011	91	98	93	94	98	99
A0012	67	85	75	84	92	90
A0013	65	96	99	68	90	69

图 4-42　六次作业中有一次成绩在 90 分以上的同学

至此，我们学完了高级筛选的全部内容，请各位同学在课下勤加练习。

> **实训 4-1**
>
> **使用WPS表格常用操作完成表格数据处理**
>
> 请打开随书素材"实训 4-1.xlsx"文件,完成单元格选定工作表、选择性粘贴工作表和高级筛选工作表中的子任务,将完成后的文件"实训 4-1.xlsx"文件重命名为"班级+姓名+学号.xlsx",例如:"23电商1班+李锐+20210129.xlsx",并将修改完成的文件提交给任课教师。

实训演示

4.2 WPS表格函数

WPS表格的函数设置经常用来完成表格数据的取值和快速计算,功能特别的强大。常用的函数有逻辑函数、条件判断函数、文本函数、日期函数、四舍五入函数、数学计算函数等。使用函数进行数据处理时需要注意单元格的引用和函数的语法参数,函数的嵌套使用是WPS表格函数部分的难点。

4.2.1 公式与函数

什么是公式?公式是用于描述数据间的关系,始终以"="号开头,等号右侧输入运算规则。

例如:这里有一个直径为5 cm的圆,现在我们需要获得圆的面积,通过以前的学习我们知道圆的面积公式为 $=\pi \times r \times r$。

公式:=PI()*A2*A2 就是圆的面积公式,如图4-43所示。

函数:PI()函数返回 π 值 3.1415926……。

运算符:(*)运算符表示数字的乘积。

引用:A2返回单元格A2的值。

	A	B
	直径	面积
2	5	79

图4-43 圆的面积公式

4.2.2 单元格的引用

单元格的引用分为相对引用、绝对引用和混合引用。

4.2.2.1 单元格的相对引用

相对引用是最常见的引用方式。在复制单元格公式时，公式会随着引用单元格的位置变化而变化。

示例：在 A1 单元格内输入数字"10"，在 B1 单元格内输入"=A1"，鼠标在 B1 单元格右下角变成"+"时向右拖拽。拖拽区域虽然数字都是"10"，但是 C1 单元格公式为"=B1"，D1 单元格公式为"=C1"。选中 B1 单元格向下拖拽，数据显示为"10"，B2 单元格公式为"=A2"，B3 单元格公式为"=A3"，数据引用位置发生变化，即相对引用。

4.2.2.2 单元格的绝对引用

在数据处理过程中，有时候需要连续引用某个单元格数据，为了保持引用单元格的绝对位置不变，需要对公式中的单元格做绝对引用，A1 样式下的绝对引用表现为"=$A$1"。

沿用相对引用的示例，如果想保持引用位置一直是 A1 单元格，则需要进行绝对位置引用。选中 B1 单元格公式中的 A1，按一次 F4 键（笔记本电脑按 Fn+F4 键），公式变成"=$A$1"。

鼠标在 B1 单元格右下角变成"+"时再次向右拖拽。此时，C1 单元格和 D1 单元格公式都是"=$A$1"。向下拖拽，公式也是"=$A$1"，引用的单元格位置不变，即绝对引用。

4.2.2.3 单元格的混合引用

单元格引用除了相对引用、绝对引用，还有混合引用。相对引用的特点是公式向右或者向下复制均会改变引用关系，绝对引用的特点是公式向右或者向下复制均不会改变引用关系。混合引用有"列变行不变"和"行变列不变"两种情况。设置"列变行不变"的混合引用，需要选择公式中需要设置的单元格，按两次 F4 键，显示为"=A$1"，特点是公式向下复制不会改变引用关系，公式向右复制引用的列标会发生变化。设置"行变列不变"的混合引用，需要按 F4 键三次，显示为"=$A1"。公式向右复制不会改变引用关系，向下复制引用的行号会发生变化。

4.2.3 逻辑函数

WPS 表格中常用的逻辑函数有 IF 函数、AND 函数、OR 函数、NOT 函数、TRUE 函数、FALSE 函数等。函数使用的难点在于函数可能具有多个参数且多个函数可以嵌套使用。

4.2.3.1 IF 函数

IF 函数（条件判断函数）包含 3 个参数：第一个参数是条件；第二个参数是符合条件的返回结果；第三个参数是不符合条件的返回结果。可以进行多个条件的嵌套，完成条件判断。

根据 "4.2.3 逻辑函数.xlsx" 工作簿给出的条件判断学生成绩是否及格（60 分及格），操作步骤如下。

打开 "4.2.3 逻辑函数.xlsx" 工作簿。在 C9 单元格输入 "=IF（B9>=60,"是","否"）"。选中 C9 单元格，当鼠标放在 C9 单元格右下角，变为 "+" 号时，进行双击完成数据的自动填充，结果如图 4-44 所示。

图 4-44　IF 函数使用结果

注意：公式里面的引号需要在半角状态下输入。

4.2.3.2 AND 函数

AND 函数是逻辑判断函数，AND 函数的作用是判断多个条件是否为真，如果所有条件都为真，返回结果为 "TRUE"，如果有任意一个条件为假，返回结果为 "FALSE"，即任意某一条件不满足为不满足条件。AND 函数至多可以有 30 个条件参数。

打开 "4.2.3 逻辑函数.xlsx" 工作簿。在 D24 单元格中输入 "=AND（B24>=90,C24>=90）"，选中 D24 单元格，鼠标放在 D24 单元格右下角，当光标变为 "+" 时，进行双击完成 AND 结果列数据填充，最终结果如图 4-45 所示。

图 4-45　AND 函数使用结果

接下来，我们使用 IF 函数完成判断一个学生是否优秀，是否优秀的条件就是大学语文和 WPS 办公应用两门课程的成绩都要大于或等于 90 分。在 E24 单元格输入

“=IF（D24,"是","否"）”，将鼠标光标放在E24单元格右下角，当光标变为“+”时，进行双击自动完成数据填充，最终结果如图4-46所示。

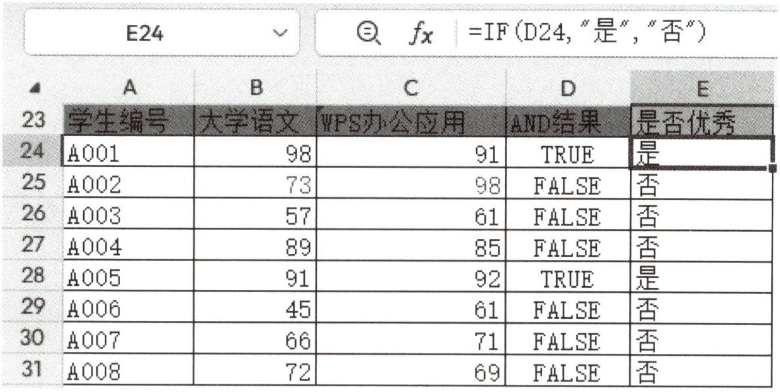
E24　=IF(D24,"是","否")

	A	B	C	D	E
23	学生编号	大学语文	WPS办公应用	AND结果	是否优秀
24	A001	98	91	TRUE	是
25	A002	73	98	FALSE	否
26	A003	57	61	FALSE	否
27	A004	89	85	FALSE	否
28	A005	91	92	TRUE	是
29	A006	45	61	FALSE	否
30	A007	66	71	FALSE	否
31	A008	72	69	FALSE	否

图4-46　使用IF函数完成判断一个学生是否优秀

注意：AND结果这一列是中间状态，可以没有AND结果这一列，直接在是否优秀一列中输入完整的IF-AND嵌套函数也能完成是否优秀条件判断，公式为“=IF（AND（B24>=90,C24>=90）,"是","否"）”。熟练的数据处理人员会直接采用这种方式，省略掉AND结果的中间状态。

4.2.3.3 OR函数

在日常的教学过程中，学生成绩是否优秀，有时候不要求学生每门课程都大于或等于90分，只要有一门课程成绩大于或等于90分，也可以被认定为是优秀。这个时候就要使用到OR函数。接下来我们详细讲解OR函数的使用方法。

OR函数是逻辑判断函数，用来判断多个条件中是否有任意一个条件为真，如果任一条件为真，则结果返回为“TRUE”，如果全部条件为假，返回结果为“FALSE”，即任一条件满足则视为满足条件。OR函数参数最多可以有30个。OR函数与AND函数一样，经常和IF函数嵌套使用。

打开“4.2.3逻辑函数.xlsx”工作簿。在D39单元格中输入“=OR（B39>=90,C39>=90）”，将鼠标放置在D39单元格的右下角，当鼠标光标变为“+”时，进行双击完成OR结果这一列数据的自动填充，如图4-47所示。

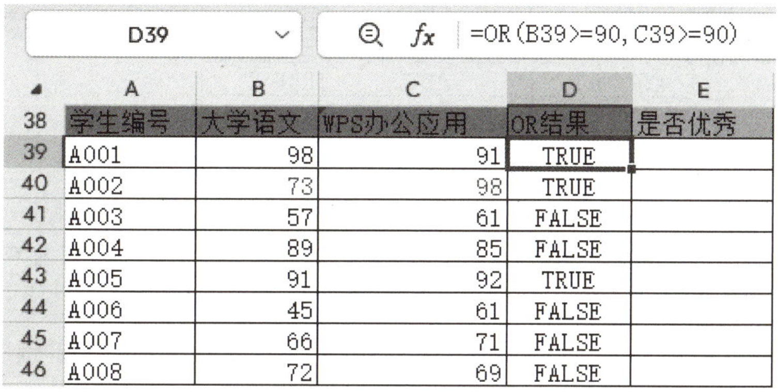
D39　=OR(B39>=90,C39>=90)

	A	B	C	D	E
38	学生编号	大学语文	WPS办公应用	OR结果	是否优秀
39	A001	98	91	TRUE	
40	A002	73	98	TRUE	
41	A003	57	61	FALSE	
42	A004	89	85	FALSE	
43	A005	91	92	TRUE	
44	A006	45	61	FALSE	
45	A007	66	71	FALSE	
46	A008	72	69	FALSE	

图4-47　OR函数使用结果

OR函数和AND函数一样，也是一种数据处理的中间状态函数，对于熟练的WPS表格使用人员，OR结果这一列完全可以省略掉，直接在E40单元格中输入"=IF（OR（B39>=90,C39>=90）,"是","否"）"，输入成功之后，按回车键会自动填充，将鼠标光标放置在E40单元格的右下角，当光标变为"+"时，进行双击完成数据的自动填充，最终结果如图4-48所示。

学生编号	大学语文	WPS办公应用	OR结果	是否优秀
A001	98	91	TRUE	是
A002	73	98	TRUE	是
A003	57	61	FALSE	否
A004	89	85	FALSE	否
A005	91	92	TRUE	是
A006	45	61	FALSE	否
A007	66	71	FALSE	否
A008	72	69	FALSE	否

图4-48　IF+OR嵌套使用结果

4.2.3.4 NOT函数

NOT函数的作用是取反操作，当逻辑表达式为真（TRUE）时，结果为假（FALSE），当逻辑表达式为假（FALSE）时，结果为真（TRUE）。NOT函数只能有一个参数。

打开"4.2.3 逻辑函数.xlsx"工作簿。找到NOT函数讲解部分，在C54单元格中输入"=NOT（B54>=90）"，输入成功之后，按回车键，将光标放置在C54单元格的右下角，当鼠标光标变为"+"时，进行双击完成数据的自动填充，最终结果如图4-49所示。

学生编号	平均分	NOT结果
A001	98	FALSE
A002	73	TRUE
A003	57	TRUE
A004	89	TRUE
A005	91	FALSE
A006	45	TRUE
A007	66	TRUE
A008	72	TRUE

图4-49　NOT函数使用结果

还有两个函数，需要简单了解一下，分别是TRUE函数和FALSE函数，这两个函数使用方式非常简单就是在单元格内输入"=TRUE（）"或者"=FALSE（）"，这两个函数没有参数，主要作用是用来与其他电子表格兼容使用。

4.2.4 数学计算函数

WPS表格中常用的数学计算函数有SUM函数（求和函数）、MAX函数（求最大值函数）、MIN函数（求最小值函数）、AVERAGE函数（求平均值函数）、ROUND函数（四舍五入函数）、COUNT计数函数。本小节以一个具体的任务来讲解这些函数的具体使用。

在本学期末，WPS办公应用课程的学科教师需要计算每位学生的期末成绩，按学校教学计划要求，本学期一共布置9次课堂作业，进行一次期中测评，进行一次期末测评。最终学生的期末成绩，平时成绩占比40%，期中测评占比30%，期末测评占比30%。

4.2.4.1 SUM函数

SUM函数用于返回参数的总和。

语法：SUM（number1,number2,number3,…），其中"number1，number2，number3…"为1到255个需要求和的参数。

打开"4.2.4 数学函数计算.xlsx"文件，先计算九次平时作业的总分，在N2单元格中输入"=SUM（C2,D2,E2,F2,G2,I2,J2,K2,L2）"，输入完成后，按回车键就计算出了李*芊同学九次平时作业的总分，将鼠标放置在N2单元格的右下角，当鼠标变为"+"时，进行双击完成自动填充，计算出全班同学九次平时作业的总分，最终结果如图4-50所示。

图4-50 全部同学九次平时作业总分计算

4.2.4.2 MAX函数

MAX函数用于返回所有参数中的最大值。

语法：MAX（number1,number2,number3,…），其中"number1，number2，number3…"是要从中找出最大值的1到255个数字参数。

接下来计算每一位同学九次平时作业中的最高分，在O2单元格中输入"=MAX（C2,D2,E2,F2,G2,I2,J2,K2,L2）"，输入完成后按回车键，计算出第一位同学李*芊九次平时作业的最高分。

将鼠标放置在O2单元格的右下角，当鼠标光标变为"+"时，进行双击完成每位同学平时作业的最高分的计算，最终计算结果如图4-51所示。

=MAX(C2, D2, E2, F2, G2, I2, J2, K2, L2)

L 第九次作业	M 期末测评	N 总分(作业)	O 最高分（作业）	P 最低分（作业）
100	95	880	100	
100	100	878	100	
100	95	890	100	
90	100	849	100	
100	100	777	100	
100	90	888	100	
100	85	835	100	
90	90	845	100	

图 4-51　全部同学九次平时作业最高分计算结果

4.2.4.3 MIN函数

MIN 函数用于返回所有参数中的最小值。

语法：MIN（number1,number2,number3,...），其中“number1，number2，number3...”是要从中找出最小值的 1 到 255 个数字参数。

接下来我们来计算每位同学九次平时作业的最低分。在 P2 单元格中输入“=MIN（C2,D2,E2,F2,G2,I2,J2,K2,L2）”，输入完成后，按回车键完成第一位同学李＊芊九次平时作业的最低分计算。将鼠标放置在 P2 单元格的右下角，当鼠标光标变为“+”时，进行双击，完成每位同学九次成绩的最低分计算，最终结果如图 4-52 所示。

=MIN(C2, D2, E2, F2, G2, I2, J2, K2, L2)

L 第九次作业	M 期末测评	N 总分(作业)	O 最高分（作业）	P 最低分（作业）
100	95	880	100	90
100	100	878	100	80
100	95	890	100	95
90	100	849	100	70
100	100	777	100	0
100	90	888	100	92
100	85	835	100	70

图 4-52　全部同学九次平时作业最低分计算结果

4.2.4.4 AVERAGE函数

AVERAGE 函数用于返回所有参数的平均值。

语法：AVERGAE（number1,number2,number3,...）），其中“number1，number2，number3...”是需要计算平均值的 1 到 255 个数字参数。

计算九次平时作业的平均分和计算最低分的操作是一样的。在 Q2 单元格中输入“=AVERAGE（C2,D2,E2,F2,G2,I2,J2,K2,L2）”，输入完成之后，按回车键成功计算出第一位同学李＊芊九次平时作业的平均分，最终结果如图 4-53 所示。

=AVERAGE(C2, D2, E2, F2, G2, I2, J2, K2, L2)

N	O	P	Q	R
分(作业)	最高分（作业）	最低分（作业）	平均（作业）分	学期成绩
380	100	90	97.77777778	
378	100	80	97.55555556	
390	100	95	98.88888889	
349	100	70	94.33333333	
777	100	0	86.33333333	
388	100	92	98.66666667	
335	100	70	92.77777778	
345	100	70	93.88888889	
733	100	0	81.44444444	
770	100	0	85.55555556	
323	100	70	91.44444444	

图 4-53　全部同学九次平时作业平均分计算结果

这里我们发现，最终的计算结果是：97.77777778，分数最终是带有小数的，并且小数位数多达 8 位，这是不符合要求的，按常识分数应该是整数或者带 1 位或者 2 位小数。这里就需要使用到ROUND函数。

4.2.4.5 ROUND函数

ROUND函数用于返回一个数值，该数值是按照指定的小数位数进行四舍五入运算的结果。除数值外，也可对日期进行舍入运算。

ROUND（number,1），number为需要格式化的小数，1 这里为整数数字，1 表示保留一位小数。

修改Q2 单元格的内容为“=ROUND（AVERAGE（C2,D2,E2,F2,G2,I2,J2,K2,L2),2）”，输入成功后，按回车键，将原本的平均分 97.77777778 格式化为 97.78，输入完成后，将鼠标放置在Q2 单元格的右下角，当鼠标光标变为“+”，进行双击完成平均分数据的自动填充，结果如图 4-54 所示。

=ROUND(AVERAGE(C2, D2, E2, F2, G2, I2, J2, K2, L2), 2)

N	O	P	Q	R
总分(作业)	最高分（作业）	最低分（作业）	平均（作业）分	学期成绩
880	100	90	97.78	
878	100	80	97.56	
890	100	95	98.89	
849	100	70	94.33	
777	100	0	86.33	
888	100	92	98.67	
835	100	70	92.78	
845	100	70	93.89	
733	100	0	81.44	
770	100	0	85.56	
823	100	70	91.44	
853	100	80	94.78	
675	100	0	75	
732	99	0	81.33	

图 4-54　ROUND函数计算结果

按照学科考核方案要求，WPS办公应用这门课程的学期成绩为：平均（作业分）×0.4+期中成绩×0.3+期末成绩×0.3，并且需要把最终计算结果保留2位小数。在R2单元格中输入"=ROUND（Q2*0.4+H2*0.3+M2*0.3,2）"，确认无误后，按回车键，将鼠标放置在R2单元格的右下角，当光标变为"+"时，进行双击完成数据的自动填充，最终结果如图4-55所示。

图4-55 学生期末成绩

至此，圆满的完成了学期期末成绩的计算。

这里简单介绍一下COUNT函数。

4.2.4.6 COUNT函数

COUNT函数用于返回包含数字以及包含参数列表中的数字的单元格的个数。

利用COUNT函数可以计算单元格区域或者数字数组中数字字段的输入项的个数。

语法：COUNT（value1,value2,value3,…），"value1，value2，value3…"为包含或引用各种类型数据的参数（1~255个），但只有数字类型的数据会被计算。

打开"4.2.4 数学计算函数.xlsx"文件，在C44单元格中输入"=COUNT（B39：C42）"，如图4-56所示，选中数据区域中有8个单元格，其中只有4个是数字，COUNT函数的最终计算结果是4。

图4-56 COUNT函数

最终结果如图 4-57 所示，只是数字的 4 个单元格被计数了，4 个姓名的单元格未被计数。

图 4-57　COUNT 函数计算结果

4.2.5 日期函数

WPS 表格中常用的日期函数有以下几种：YEAR 函数、MONTH 函数、DAY 函数、NOW 函数、DATE 函数、WEEKDAY 函数、DATEDIF 函数、HOUR 函数、MINNUTE 函数、SECOND 函数等。

4.2.5.1 YEAR 函数

YEAR 函数用于返回某日期对应的年份。返回值为 1900~9999 的整数。

语法：YEAR（day），其中 day 参数为一个日期参数，也可以是获取日期的函数（TODAY 函数）。

打开"4.2.5 日期函数 xlsx"文件，在单元格 D2 中输入"=YEAR（C2）"，输入完成后，按回车键，顺利获取到 C2 单元格中日期的年份为 2021，如图 4-58 所示。

图 4-58　YEAR 函数计算结果

4.2.5.2 MONTH 函数

MONTH 函数用于返回一个当前日期的所属月份。

语法：MONTH（day），其中day参数为一个日期参数，也可以是获取日期的函数（TODAY函数）。

在D3单元格内输入“=MONTH（C3）”，输入正确后，按回车键成功获取到日期2021/3/18中的月份为3，结果如图4-59所示。

D3　=MONTH(C3)

	A	B	C	D
1	日期与时间函数	作用	示例	结果
2	YEAR()	返回年	2021/3/18	2021
3	MONTH()	返回月	2021/3/18	3
4	DAY()	返回日	2021/3/18	
5	TODAY()	返回今天		
6	NOW()	返回当前的时间和日期		
7	DATE()	合成日期		
8	WEEKDAY()	计算星期几	2024/8/21	
9	DATEDIF	计算两个日期之间相隔的天数、月数或年数		
10	HOUR()	返回小时	14:57:50	
11	MINUTE()	返回分钟	14:57:50	
12	SECOND()	返回秒	14:57:50	

图4-59　MONTH函数计算结果

4.2.5.3 DAY函数

DAY函数用于返回一个日期参数的天数。

语法：DAY（day），其中day参数为一个日期参数，也可以是获取日期的函数（TODAY函数）。

在D4单元格中输入“=DAY（C4）”，输入无误后，按回车键获取到C4单元格中的正确日期为18，最终结果如图4-60所示。

D4　=DAY(C4)

	A	B	C	D
1	日期与时间函数	作用	示例	结果
2	YEAR()	返回年	2021/3/18	2021
3	MONTH()	返回月	2021/3/18	3
4	DAY()	返回日	2021/3/18	18
5	TODAY()	返回今天		
6	NOW()	返回当前的时间和日期		
7	DATE()	合成日期		
8	WEEKDAY()	计算星期几	2024/8/21	
9	DATEDIF	计算两个日期之间相隔的天数、月数或年数		
10	HOUR()	返回小时	14:58:14	
11	MINUTE()	返回分钟	14:58:14	
12	SECOND()	返回秒	14:58:14	

图4-60　DAY函数计算结果

4.2.5.4 TODAY函数

TODAY函数没有参数，TODAY函数常常被用来获取当前日期。

在D5单元格中输入“=TODAY（）”，输入无误后，按回车键成功获取到电脑上的当前日期，如图4-61所示。

图4-61 TODAY 函数计算结果

4.2.5.5 NOW函数

NOW函数没有参数，用于获取当前的日期和时间。

在D6单元格中输入"=NOW（）"，输入无误后，按回车键自动填充当前日期和时间，且精确到分钟，如图4-62所示。

图4-62 NOW函数计算结果

4.2.5.6 DATE函数

DATE函数用于返回代表特定日期的序列号。如果在输入函数前，单元格的格式为常规，则结果显示为日期格式。

语法：DATE（year,month,day）。

year代表年份，参数可以为1~4位的数字。

month代表每年中月份的数字。如果所输入的月份大于12，则将从指定年份的一月份开始往上加算。

day代表在该月份中第几天的数字。如果day大于该月份的最大天数，则将从指定月份的第一天开始往上累加。

在"4.2.5 日期函数.xlsx"中的D7单元格中输入"=DATE（2024,11,30）"，其中2024代表年份，11代表月份，30代表日期，输入无误后，按回车键成功转变为日期：2024/11/30，如图4-63所示。

图 4-63 DATE函数计算结果

当然，DATE函数中的year、month、day参数也可以直接嵌套YEAR函数、MONTH函数、DAY函数。

4.2.5.7 WEEKDAY函数

WEEKDAY函数用来获取一个日期所对应的星期几。如果在输入函数前，单元格的格式为常规，则结果显示为日期格式。

语法：WEEKDAY（date,[返回值类型]），其中date参数为一个包含年月日的日期参数，返回值类型为非必填参数，返回值类型有多种可选值，具体请参考列表，如图4-64所示。

图 4-64 WEEKDAY函数的多种返回值

在D8单元格中输入"=WEEKDAY（C8,2）"，确认无误后，按回车键，直接获得当前日期对应的星期。

4.2.5.8 DATEIF函数

DATEIF函数用来计算两个日期间相隔的年数、月数、日数，包含3个参数：第1个参数是开始日期，第2个参数是结束日期，第3个参数是时间间隔单位（d代表天数；m代表月数；y代表年数等）。

语法：DATEIF（startDate,endDate,[d;m;y]），其中startDate代表开始日期，endDate代表结束日期，第 3 个参数可取d、m或y（d–天数；m–月数；y–年数）。

在D9单元格中输入“=DATEDIF（C4,C8,"y"）”，确认无误后，按回车键获取到 2021/3/18 和 2024/2/22 两个日期之间相差 3 年，最终结果如图 4–65 所示。

D9 =DATEDIF(C4,C8,"y")

	A	B	C	D
1	日期与时间函数	作用	示例	结果
2	YEAR()	返回年	2021/3/18	2021
3	MONTH()	返回月	2021/3/18	3
4	DAY()	返回日	2021/3/18	18
5	TODAY()	返回今天		2024/8/21
6	NOW()	返回当前的时间和日期		2024/8/21 15:11
7	DATE()	合成日期		2024/11/30
8	WEEKDAY()	计算星期几	2024/8/21	3
9	DATEDIF	计算两个日期之间相隔的天数、月数或年数		3
10	HOUR()	返回小时	15:11:04	
11	MINUTE()	返回分钟	15:11:04	
12	SECOND()	返回秒	15:11:04	

图 4–65 DATEIF 函数计算结果

可以修改参数y为m或者d，用来获取两个日期间相差的月数和天数。

4.2.5.9 HOUR函数

HOUR 函数常用来获取一个时间的小时数，这个函数比较简单，只有一个参数。

在D10单元格中输入“=HOUR（C10）”，输入完成后，按回车键获取到当前时间的小时数。结果如图 4–66 所示。

D10 =HOUR(C10)

	A	B	C	D
1	日期与时间函数	作用	示例	结果
2	YEAR()	返回年	2021/3/18	2021
3	MONTH()	返回月	2021/3/18	3
4	DAY()	返回日	2021/3/18	18
5	TODAY()	返回今天		2024/8/21
6	NOW()	返回当前的时间和日期		2024/8/21 15:11
7	DATE()	合成日期		2024/11/30
8	WEEKDAY()	计算星期几	2024/8/21	3
9	DATEDIF	计算两个日期之间相隔的天数、月数或年数		3
10	HOUR()	返回小时	15:11:48	15
11	MINUTE()	返回分钟	15:11:48	
12	SECOND()	返回秒	15:11:48	

图 4–66 HOUR函数计算结果

4.2.5.10 MINUTE函数

MINUTE 函数常用来获取一个时间的当前分钟数，这个函数只有一个参数。

在D11单元格中输入“=MINUTE（C11）”，输入完成后，按回车键获得到当前时间的分钟数，执行结果如图 4–67 所示。

图 4-67　MINUTE 函数计算结果

4.2.5.11 SECOND 函数

SECOND 函数常用来获取一个时间当前的秒数，这个函数只有一个参数。

在 D12 单元格中输入"=SECOND（C12）"，输入完成后，按回车键得到当前时间的秒数，执行结果如图 4-68 所示。

图 4-68　SECOND 函数计算结果

4.2.6 文本函数

本节所讲的文本函数主要包括 LEFT 函数、RIGHT 函数、MID 函数、LEN 函数、REPLACE 函数、SUBSTITUTE 函数和 TEXT 函数。

4.2.6.1 LEFT 函数

LEFT 函数的功能是从文本字符串的左边第 1 个字符开始返回指定个数的字符串。该函数包含 2 个参数：第 1 个参数是字符串；第 2 个参数是字符串个数。

打开"4.2.6 文本函数.xlsx"文件，在 D2 单元格中输入"=LEFT（C2,4）"，输入完成后，按回车键成功将 C2 单元格中的日期年份 2024 提取出来，最终结果如图 4-69 所示。

	A	B	C	D
1	文本函数	作用	示例	结果
2	LEFT()	从左边截取字符	2024年3月4日	2024
3	RIGHT()	从右边截取字符	2024年3月4日	
4	MID()	从中间截取字符	2024年3月4日	
5	LEN()	计算字符个数	2024年3月4日	
6	REPLACE()	按位置替换字符串	2024年3月4日	
7	SUBSTITUTE()	按文本替换字符串	2024年3月4日	
8	TEXT()	格式化数字		1

图 4-69　LEFT 函数计算结果

4.2.6.2 RIGHT 函数

RIGHT 函数的功能是从文本字符串右边第 1 个字符串开始返回指定个数的字符串。该函数包含 2 个参数：第 1 个参数是字符串；第 2 个参数是字符个数。

在 D3 单元格中输入"=RIGHT（C3,2）"，输入完成后，按回车键成功将 C3 单元格中的数据中的日提取出来，最终结果如图 4-70 所示。

	A	B	C	D
1	文本函数	作用	示例	结果
2	LEFT()	从左边截取字符	2024年3月4日	2024
3	RIGHT()	从右边截取字符	2024年3月4日	4日
4	MID()	从中间截取字符	2024年3月4日	
5	LEN()	计算字符个数	2024年3月4日	
6	REPLACE()	按位置替换字符串	2024年3月4日	
7	SUBSTITUTE()	按文本替换字符串	2024年3月4日	
8	TEXT()	格式化数字		1

图 4-70　RIGHT 函数计算结果

4.2.6.3 MID 函数

MID 函数的功能是从文本字符串的指定位置开始返回指定长度的字符串。该函数包含 3 个参数：第 1 个参数是字符串；第 2 个参数是开始位置；第 3 个参数是字符串个数。

在 D4 单元格中输入"=MID（C4,6,2）"，输入成功后，按 Enter 键，成功提取出 C4 单元格中的月份数据 3 月，如图 4-71 所示。

	A	B	C	D
1	文本函数	作用	示例	结果
2	LEFT()	从左边截取字符	2024年3月4日	2024
3	RIGHT()	从右边截取字符	2024年3月4日	4日
4	MID()	从中间截取字符	2024年3月4日	3月
5	LEN()	计算字符个数	2024年3月4日	
6	REPLACE()	按位置替换字符串	2024年3月4日	
7	SUBSTITUTE()	按文本替换字符串	2024年3月4日	
8	TEXT()	格式化数字		1

图 4-71　MID 函数计算结果

4.2.6.4 LEN函数

LEN函数功能非常简单，它被用来计算字符串的长度，只有1个参数是字符串。

在D5单元格中输入"=LEN（C5）"，确认无误后，按Enter键成功计算出C5单元格中字符串的字符长度，最终结果如图4-72所示。

图4-72 LEN函数计算结果

4.2.6.5 REPLACE函数

REPLACE函数主要用来完成字符串的替换，将字符串中的部分文本字符替换为其他字符。该函数主要包含4个参数：第1个参数是字符串；第2个参数是开始位置；第3个字符串是需要替换的字符个数；第4个参数是替换为的字符串。

在D6单元格中输入"=REPLACE（C6,6,1,"*"）"，输入完成后，按Enter键成功的将C6单元格中的字符串的3替换为"*"，最终结果如图4-73所示。

图4-73 REPLACE函数计算结果

4.2.6.6 SUBSTITUTE函数

SUBSTITUTE函数的功能是在一个字符串中替换掉指定的文本，该函数有4个参数：第1个参数是需要替换其中字符的文本或是含有文本的单元格引用；第2个参数是需要替换的旧文本；第3个参数是用于替换旧文本的文本；第4个参数为一数值，用来指定以新文本替换第几次出现的旧文本，如果指定了这一数值，则只有满足要求的旧文本被替换，如果缺省则将用新文本替换字符串中出现的所有旧文本。

在D7单元格中输入"=SUBSTITUTE（C7,"3月","3month"）"，输入成功后，按Enter键成功将原字符串中的3月替换为3month，最终结果如图4-74所示。

图4-74 SUBSTITUTE函数计算结果

4.2.6.7 TEXT函数

TEXT函数是WPS表格中一个非常重要的函数。TEXT函数可通过格式代码向数字应用格式，进而更改数字的显示方式。如果要变更可读的格式显示数字或者将数字与文本或符号组合，它将非常有用。TEXT函数有2个参数：第1个参数为数字；第2个参数为转换后的数字格式。

在D8单元格中输入"=TEXT（C8,"0.00"）"，输入成功后，按Enter键成功将数字1转换为带有两位小数的1.00，结果如图4-75所示。

图4-75 TEXT函数计算结果

4.2.7 纵向查找函数

在WPS表格的日常数据处理中，VLOOKUP纵向查找函数是使用频率非常高的一个查找函数。本节内容将以一个完整的例子，详细讲解VLOOKUP纵向查找函数的使用。

VLOOKUP函数常用来在WPS表格中列数据上进行数据匹配，它可以进行数据的精确匹配和模糊匹配。

语法：VLOOKUP（lookup_value，table_array，col_index_num，range_lookup）。其中lookup_value代表需要查找的值，table_array代表查找的数据区域，col_index_num代表需要获取的列号，range_lookup有两个值分别是TRUE和FALSE，TRUE代表模糊匹配，FALSE代表精确匹配。

打开"4.2.7 查找函数.xlsx"文件，通过观察我们发现VLOOKUP纵向查找函数工作簿中，第一部分内容有两个表格数据，其中左边的表格缺少姓名数据，右边的表格数据有学号对应的姓名数据，如图4-76所示，第一部分要求利用VLOOKUP函数查找出学号对应的姓名数据。

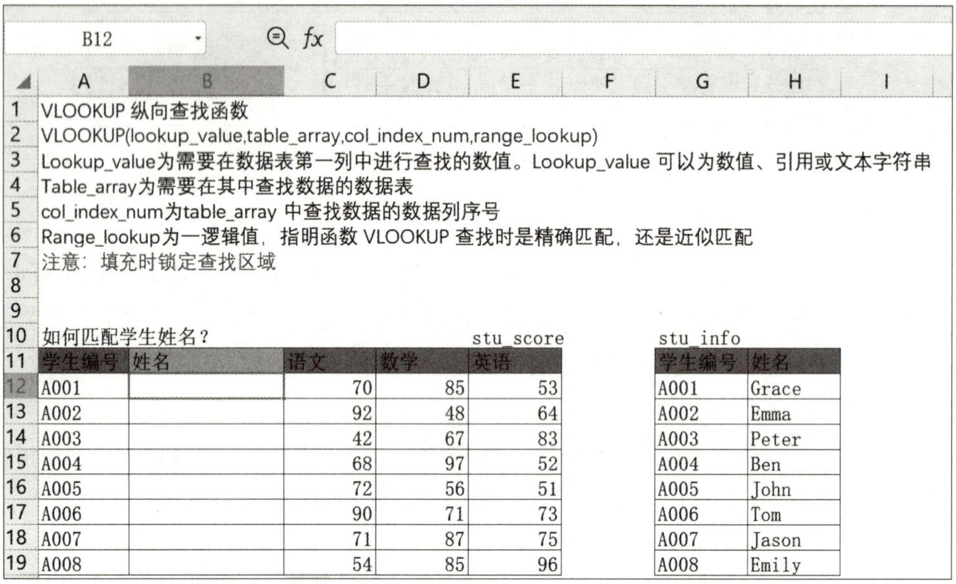

图4-76 "4.2.7 查找函数.xlsx"文件内容

在B12单元格中输入"=VLOOKUP（A12,$G$11：$H$19,2,FALSE）"，其中A12代表学生编号A001的相对引用地址，$G$11：$H$19为stu_info数据区域的绝对引用地址，2代表需要获取的stu_info数据表格的第2列，FALSE表示精确匹配。确认输入无误后，按Enter键完成A001数据的查找，如图4-77所示。

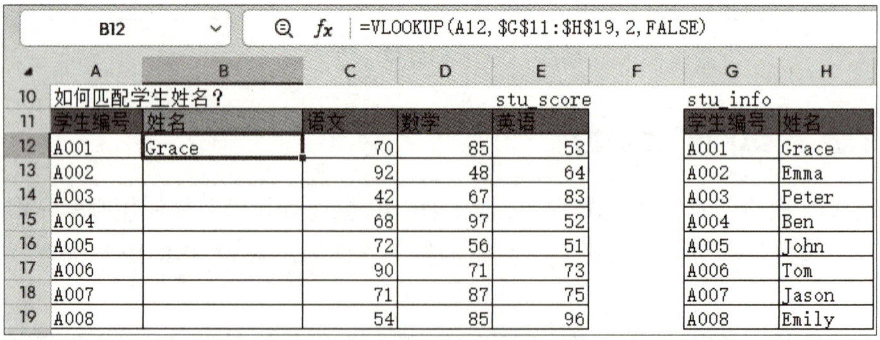

图4-77 VLOOKUP查找姓名

将鼠标放置在B12单元格的右下角，当光标变为"+"时，进行双击完成姓名列数据的自动填充，最终结果如图4-78所示。

10	如何匹配学生姓名？				stu_score
11	学生编号	姓名	语文	数学	英语
12	A001	Grace	70	85	53
13	A002	Emma	92	48	64
14	A003	Peter	42	67	83
15	A004	Ben	68	97	52
16	A005	John	72	56	51
17	A006	Tom	90	71	73
18	A007	Jason	71	87	75
19	A008	Emily	54	85	96

图 4-78　填充结果

接下来，我们利用 VLOOKUP 函数给学生成绩划分等级，素材中有以下两个表格数据，左边的表格表示的是成绩分数段对应的等级，右边表格为学生的成绩列表，如图 4-79 所示。

				VLOOKUP模糊匹配	
25	成绩	等级	学生编号	成绩	等级
26	0	E	A001	83	
27	60	D	A002	93	
28	70	C	A003	60	
29	80	B	A004	45	
30	90	A	A005	79	
31			A006	86	
32			A007	93	
33			A008	19	

图 4-79　成绩分数段与学生成绩等级

在 F26 单元格中输入"=VLOOKUP（E26,$A$25：$B$30,2,TRUE）"，其中 E26 代表学生编号 A001 的成绩 83 的相对引用地址，$A$25：$B$30 代表成绩等级列表的绝对引用地址，2 代表查找的数据为第 2 列（等级列），TRUE 表示匹配方式为模糊匹配，输入完成确认无误后，按 Enter 键完成数据查找，查找结果如图 4-80 所示。

	A	B	C	D	E	F
25	成绩	等级		学生编号	成绩	等级
26	0	E		A001	83	B
27	60	D		A002	93	
28	70	C		A003	60	
29	80	B		A004	45	
30	90	A		A005	79	
31				A006	86	
32				A007	93	
33				A008	19	

图 4-80　VLOOKUP 模糊匹配结果

将鼠标光标放置在 F26 单元格的右下角，当光标变为"+"时，进行双击完成等级列数据的自动填充，最终填充结果如图 4-81 所示。

图 4-81 等级数列自动填充结果

在日常工作中，除了根据学生成绩给学生评定等级，销售公司依据销售员的销售额来匹配销售等级也是一种常见的数据查找使用场景。素材"VLOOKUP纵向查找函数"工作簿中有两个数据区域，左边是提成标准对照表，右边是公司销售员的销售数据，如图 4-82 所示。

图 4-82 "VLOOKUP纵向查找函数"工作簿

在 H38 单元格中输入"=VLOOKUP（G38,$A$37：$C$48,3,TRUE）"，其中 G38 为 A001 销售员 A001 的销售额 804 的相对引用地址，$A$37：$C$48 代表提成标准对照表数据区域的绝对引用地址，3 代表需要查找的列（提成率），TRUE 代表模糊匹配。输入完成，确认无误后，按 Enter 键，成功匹配到 804 对应的提成率 1.0%，如图 4-83 所示。

图 4-83 销售员 A001 的提成率计算结果

将鼠标光标放置在 H38 单元格的右下角，当光标变为"+"时，进行双击完成数据的自动填充，将成功匹配到所有销售数据对应的提成率，如图 4-84 所示。

销售员	销售额	提成率
A001	804	1.0%
A002	4696	1.4%
A003	5329	1.5%
A004	6163	2.0%
A005	6778	2.0%
A006	7413	2.2%
A007	8124	2.5%
A008	9209	2.8%
A009	9505	2.8%
A010	10994	3.0%
A011	11620	3.0%

图 4-84　提成率计算结果

接下来，我们使用WPS表格的下拉列表功能和VLOOKUP函数，制作一个简单的数据查询系统。素材中有一个已经完成的数据查询样例，在改变学生编号的时候，同一行的姓名、语文、数学、英语成绩会一同变动，如图 4-85 所示。

查询系统（数据验证+Vlookup）

学生编号	姓名	语文	数学	英语
A004	Ben	68	97	52

图 4-85　VLOOKUP简单查询系统

选中单元格K16，单击"数据"选项卡的"下拉列表"按钮，在打开的"插入下拉列表"对话框中，选中"从单元格选择下来按钮选项"单选按钮，在输入框内选择左侧学生编号 A001~A008 数据区域，如图 4-86 所示。

图 4-86　"插入下拉列表"对话框

在L16 单元格中输入"=VLOOKUP（K16,$A$11：$E$19,2,FALSE）"，其中K16 代表学生编号单元格下拉列表的相对引用地址，$A$11：$E$19 代表左侧学生成绩单数据区域的绝对地址，2 代表姓名列，TRUE代表相对引用。参照L16 单元格输入内容，在 M16 单元格中输入"=VLOOKUP（K16,$A$11：$E$19,3,TRUE）"，在 N16 单元格中输入"=VLOOKUP（K16,$A$11：$E$19,4,TRUE）"，在 Q16 单元格中输入"=VLOOKUP（K16,$A$11：$E$19,5,TRUE）"，完成参数输入。至此，就完成了一个简单的成绩查询系统，使用鼠标单击学生编号对应的"下拉列表"按钮，姓名、语文、数学、英语成绩会随着学生编号改变而变化，如图 4-87 所示。

查询系统（数据验证+Vlookup）

学生编号	姓名	语文	数学	英语
A004	Ben	68	97	52

学生编号	姓名	语文	数学	英语
A005	hn	72	56	51

图 4-87　简单查询系统

思考

请同学们自行查阅 VLOOKUP 函数的孪生函数 HLOOKUP 函数的使用方法并熟练掌握。

实训 4-2

使用WPS表格函数完成员工档案数据处理

请打开随书素材"实训 4-2.xlsx"文件，并按照详细要求完成员工档案数据处理。

你是某企业的管理人员，现需要对销售流水进行统计和查询。

（1）在"销售流水"工作表中使用函数查询信息。

①在 G2：G200 区域中使用函数，根据门店名称在"门店地址"工作表中查询区域，如果查询不到，则显示"无数据"。

②在 H2：H200 区域中使用函数，根据门店名称在"门店地址"工作表中查询地址，如果查询不到，则显示"无数据"。

（2）在"销售数据统计"工作表中使用函数完成统计。

①在 C3：C26 区域中使用函数，根据产品和区域，统计"销售流水"工作表中的总计销量，并使用函数进行四舍五入处理。

②在 D3：D26 区域中使用函数完成计算，根据产品和区域，统计"销售流水"工作表中的订单数量。

③在 E3：E26 区域中使用函数完成计算，根据产品和区域，统计"销售流水"工作表中的最高金额。

④在 F3：F26 区域中使用函数，根据总体销量给与评价，销量在 10 000 以上（含 10 000）则显示为"优秀"，5 000~10 000（含 5 000）显示为良好，5 000 以下

显示为"较差"。

⑤在 G3：G26 区域中使用函数，根据产品名称，在"产品表"工作表中查询产品 ID。

（3）在"订单查询"工作表中，使用函数查询"销售流水"工作表中的交易记录。

①在 D8 单元格中使用 VLOOKUP 函数，根据 J6 单元格订单 ID，在"销售流水"表中查询订购日期，日期格式为"年/月/日"。

②在 D10 单元格中使用 VLOOKUP 函数，根据 J6 单元格订单 ID，在"销售流水"工作表中查询地址。

③在 H8 单元格中使用 VLOOKUP 函数，根据 J6 单元格订单 ID，在"销售流水"工作表中查询产品。

将完成后的文件"实训 4-2.xlsx"文件重命名为"班级+姓名+学号.xlsx"，例如，"23 电商 1 班+李锐+20210129.xlsx"，并将修改完成的文件提交给任课教师。

4.3 WPS数据透视表

WPS表格的图表制作功能可以更加直观地显示数据的变化，本节介绍两种图表制作方法：数据透视表和插入图表。

4.3.1 创建数据透视表

数据透视表是常用的数据分析工具，是一种可以快速汇总大量数据的交互式方法，当需要处理的数据量非常大、业务需求又不断变化且要求保持数据源与分析结果保持一致时，使用数据透视表是不二选择。利用数据透视表可以直接对数据进行排序、分类汇总、筛选或计算。

数据透视表具有如下特点：
（1）操作简单：鼠标拖拽就可以完成全部操作。
（2）计算快速：能够快速地聚合和拆分数据。
（3）计算规则丰富，操作方法多样。

数据透视表对WPS表格中的数据源是有要求的。首先，首行标题行的字段不能为空；其次，数据表中不能有单元格合并；最后，数据透视表要求同一列数据的数据类型必须保持一致。

根据"4.3.1 年度订单表.xlsx"工作簿中数据在新的工作表中创建数据透视表，按要求选中所有字段。

打开"4.3.1 年度订单表.xlsx"工作簿，打开年度订单表工作表，单击数据区域中的任意一个单元格，单击"插入"选项卡中的"数据透视表"按钮。在打开的"创建数据透视表"对话框中，默认"请选择要分析的数据"为"请选择单元格区域"，在"请选择放置数据透视表的位置"对应的单选按钮选择"现有工作表"，单击"现有工作表"输入框，选择创建数据透视表的单元格B11，如图4-88所示。

确认无误后，单击"确定"按钮，成功创建数据透视表，如图4-89所示。

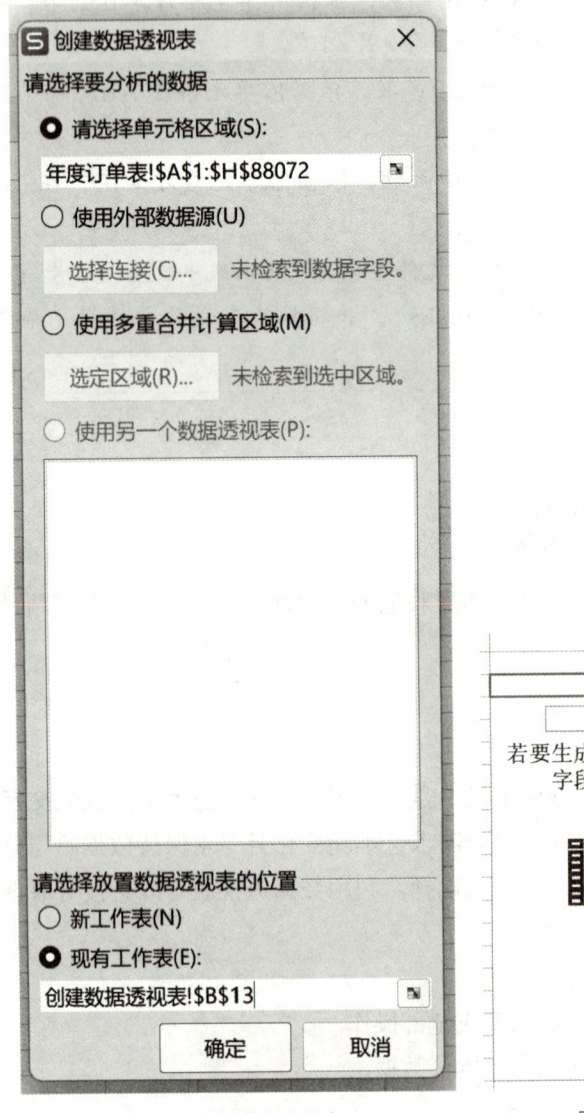

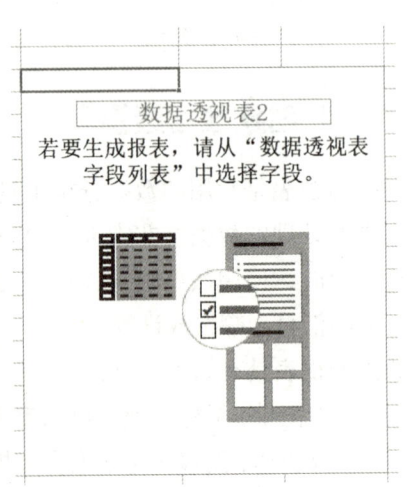

图 4-88　创建数据透视表　　　　　图 4-89　数据透视表

依据题目要求，我们需要查看各个销售部门不同产品的销售金额。具体操作步骤如下，在右侧任务窗格"字段列表"位置，将"部门"字段拖拽到"行"、将"产品类别"字段拖拽到"列"、将"销售金额"字段拖拽到"值"，成功生成数据透视表，如图4-90所示。

第4章
WPS 表格

图 4-90　生成数据透视表

在生成的数据透视表中，我们发现数字统计数据中带有小数位，且小数位数并不统一。选中数据透视表数字区域，选择"开始"选项卡，双击"减少小数位"按钮，将数据区域统一为整数数字。

单击"数据透视表"按钮，在"设计"选项卡中，可以修改数据透视表样式，选择"数据透视表样式浅色 16"，如图 4-91 所示。

图 4-91　修改数据透视表样式

选中数据透视表数据区域，在"开始"选项卡下，单击"所有框线"按钮，为数据透视表添加边框，如图 4-92 所示。

图 4-92　添加表格线

在"设计"选项卡的"总计"下拉列表中可以设置是否对数据透视表的行、列进行启用和禁用，如图 4-93 所示。

如果需要修改数据透视表的报表布局，单击"设计"选项卡的"报表布局"下拉按钮，更改数据透视表的显示方式，如图 4-94 所示。

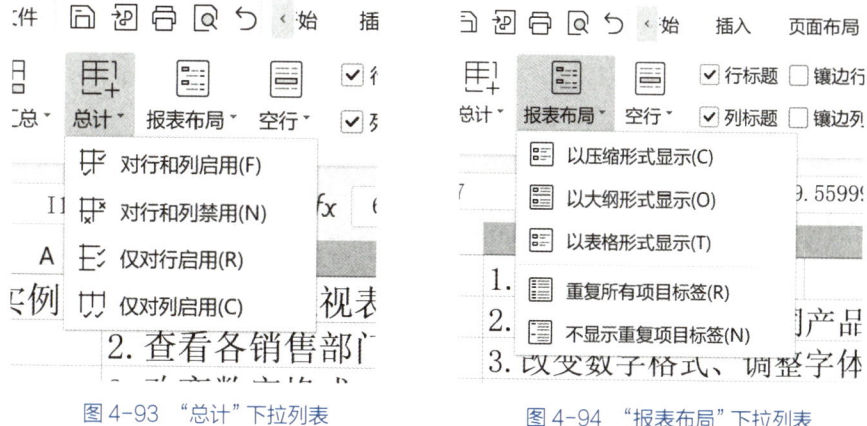

图 4-93　"总计"下拉列表　　　　图 4-94　"报表布局"下拉列表

如果发现数据透视表错误，在"分析"选项卡下，单击"删除数据透视表"按钮，将不需要的数据透视表删除，如图 4-95 所示。

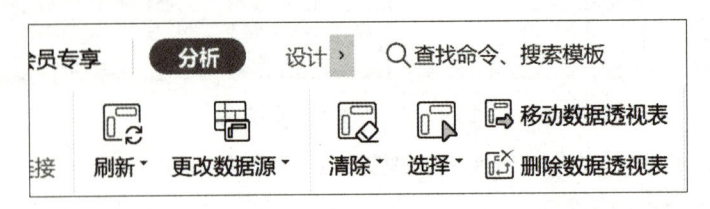

图 4-95　删除数据透视表

4.3.2 创建组

创建数据透视表，按季度查看销售金额，实现对日期创建组。

选中年度订单表数据区域，在"数据"选项卡下单击"数据透视表"按钮，保持"请选择单元格区域"不变，单击"现有工作表"按钮，单击"现有工作表"输入框，选择创建组单元格 A6，如图 4-96 所示。

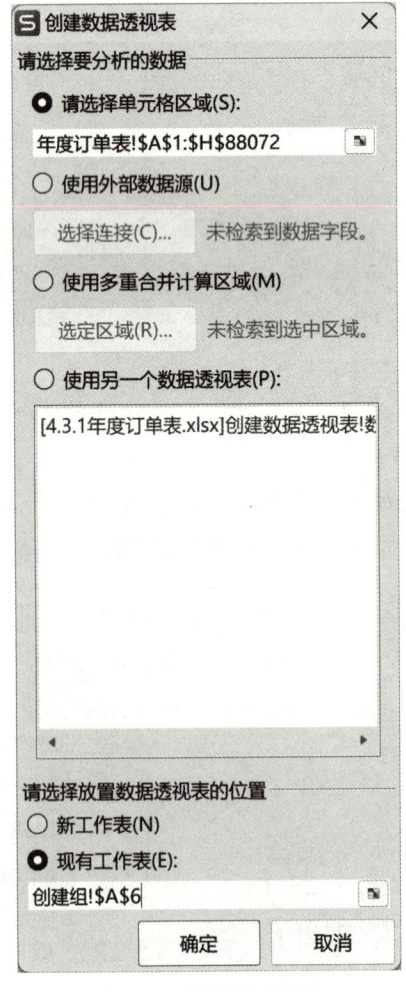

图 4-96　创建数据透视表

确认无误后，单击"确定"按钮，成功创建数据透视表，在右侧任务窗格"字段列表"中将"销售日期"拖拽到"行"、将"销售金额"拖拽到"值"，如图4-97所示。

图4-97 生成数据透视表

接下来，将销售日期以月、季度、年组合展示，并美化数据透视表，操作步骤如下所示。

右击创建组工作簿单元格A6，在打开的快捷菜单中选择"组合"选项，如图4-98所示。

图4-98 选择"组合"选项

打开"组合"对话框，在"步长"对应的列表框中同时选中"月""季度""年"，如图 4-99 所示。

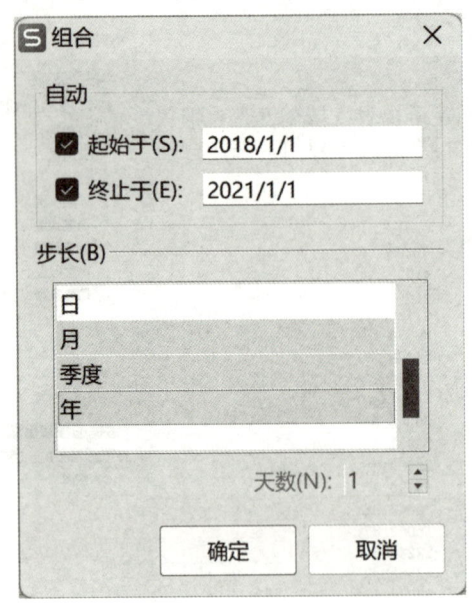

图 4-99 "组合"对话框

确认无误后，单击"确定"按钮，结果如图 4-100 所示。

年	季度	销售日期	求和项:销售金额
⊟2018年			
	⊟第一季		
		1月	966586.17
		2月	820566.75
		3月	835233.81
	⊟第二季		
		4月	1303550.2
		5月	815767.9
		6月	873035.05
	⊟第三季		
		7月	881638.32
		8月	1034457.46
		9月	853990.26
	⊟第四季		
		10月	764161.89
		11月	883193.11
		12月	982257.26
⊟2019年			
	⊟第一季		
		1月	678723.1
		2月	945118.46
		3月	728835.52
	⊟第二季		

图 4-100 销售日期以月、季度、年组合展示

4.3.3 使用数据透视表查看数据

查看 2019 年第二季度 5 月份的销售数据。操作步骤如下所示。

单击数据区域的"年"下拉按钮,取消选中的"全部"复选框,选中"2019 年"复选框,单击"确定"按钮,即可查看 2019 年的全年销售数据。再次单击"季度"下拉按钮,取消选中的"全部"复选框,选中"第二季度"复选框,即可以查看 2019 年第二季度的销售数据。单击"销售日期"下拉按钮,取消"全部"复选框,选中"5 月"复选框,单击"确定"按钮,即可以查看 2019 年第二季度 5 月份的销售数据,如图 4-101 所示。

年	季度	销售日期	求和项:销售金额
⊟2019年			
	⊟第二季		
		5月	797920.35
总计			**797920.35**

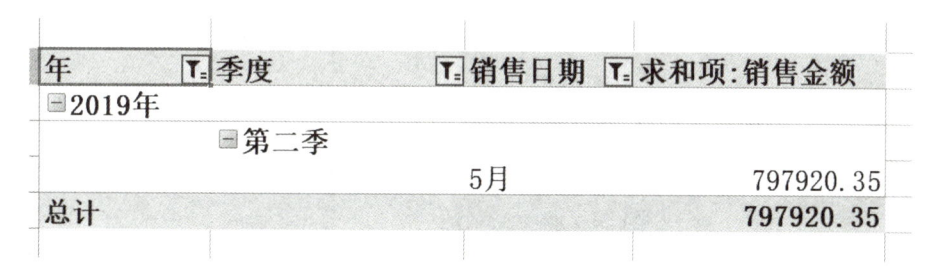

图 4-101 2019 年第二季度 5 月份的销售数据

4.3.4 汇总依据 + 值显示方式

单击年度订单表数据区域,在"数据"选项卡下,单击"数据透视表"按钮,在打开的对话框中,保持"请选择单元格区域"不变,选择"现有工作表"单选按钮,单击"现有工作表"输入框,选择"汇总依据+值显示方式"工作表的单元格 A9。

创建数据透视表后,在"汇总依据+值显示方式"工作表中将"销售日期"拖拽到"行"、"产品类别"拖拽到"列"、"销售金额"拖拽到"值",如图 4-102 所示。

求和项:销售金额	产品类别						
销售日期	电冰箱	电视机	烘干机	净水器	空调	洗衣机	总计
10月	477605.48	465784.82	475955.55	392319.46	504203.89	481392.94	2797262.14
11月	629161.11	480229.63	447238.01	410984.6	419389.17	559496.15	2946498.67
12月	471680.16	495165.93	458315.97	403495.99	426611.96	444322.97	2699592.98
1月	374320.15	430177.63	460804.99	347424.85	358046.24	373342.93	2344116.79
2月	382399.68	370988	470863.19	332632.21	555063.78	426339.22	2538286.08
3月	411037.82	452822.39	420604.38	310352.1	401369.22	412186.49	2408372.4
4月	471434.87	428677.33	509787.51	608197.19	418425.13	502648.96	2939170.99
5月	472548.71	389979.41	384424.56	350000.24	550703.17	494484.59	2642140.68
6月	390549.55	427994.64	409416.06	405685.38	398016.29	505163.12	2536903.04
7月	431646.78	484876.61	465423.03	371361.74	465307.41	403980.55	2622596.12
8月	565648.43	584714.33	555445.21	344208.01	710326.9	686587.89	3446930.77
9月	399027.71	409567.24	453919.48	335679.57	405629.51	463629.63	2467453.14
总计	5477060.45	5420977.96	5457455.96	4667161.32	5613092.67	5753575.44	32389323.8

图 4-102 生成数据透视表

右击单元 A10 格,单击"组合"按钮,如图 4-103 所示。

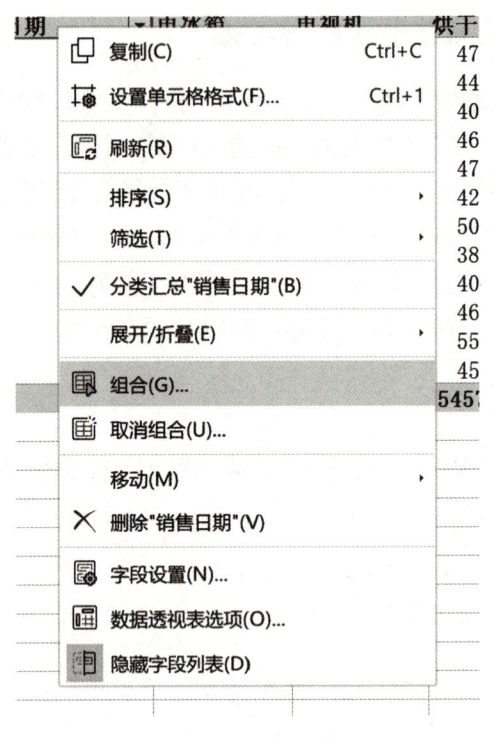

图 4-103　选择"组合"选项

在打开的"组合"对话框中,在"步长"列表中选择"月",确认无误后,单击"确定"按钮。

修改数据透视表的值汇总依据,具体操作步骤如下。

(1)单击"求和项"→"销售金额"按钮,在打开的快捷菜单中单击"值字段设置"按钮,如图 4-104 所示。

图 4-104　单击"值字段设置"按钮

(2)在打开的"值字段设置"对话框中,可以修改值字段的汇总方式和值显示方式,如图 4-105 所示。

图 4-105 "值字段设置"对话框"值字段汇总方式"

依据题目要求，我们需要查看不同月份、各产品类别的销售金额占比，具体步骤如下。

（1）单击数据透视表区域→"求和项：销售金额"，在打开的快捷菜单中选择"值字段设置"选项，弹出"值字段设置"对话框中"值显示方式"选项，在"值显示方式"对应的下拉菜单中，选择"列汇总的百分比"选项，如图 4-106 所示。

图 4-106 "值字段设置"对话框"值显示方式"

（2）单击"确定"按钮，数据透视表中的数据就可以顺利地更改为按列汇总的百分比数据，如图4-107所示，也可以选择按行汇总的百分比数据。

求和项:销售金额	产品类别						
销售日期	电冰箱	电视机	烘干机	净水器	空调	洗衣机	总计
10月	8.72%	8.59%	8.72%	8.41%	8.98%	8.37%	8.64%
11月	11.49%	8.86%	8.19%	8.81%	7.47%	9.72%	9.10%
12月	8.61%	9.13%	7.39%	9.82%	7.60%	7.72%	8.33%
1月	6.83%	7.94%	8.44%	7.44%	6.38%	6.49%	7.24%
2月	6.98%	6.84%	8.63%	7.13%	9.89%	7.41%	7.84%
3月	7.50%	8.35%	7.71%	6.65%	7.15%	7.16%	7.44%
4月	8.61%	7.91%	9.34%	13.03%	7.45%	8.74%	9.07%
5月	8.63%	7.19%	7.04%	7.50%	9.81%	8.59%	8.16%
6月	7.13%	7.90%	7.50%	8.69%	7.09%	8.78%	7.83%
7月	7.88%	8.94%	8.53%	7.96%	8.29%	7.02%	8.10%
8月	10.33%	10.79%	10.18%	7.38%	12.65%	11.93%	10.64%
9月	7.29%	7.56%	8.32%	7.19%	7.23%	8.06%	7.62%
总计	100.00%	100.00%	100.00%	100.00%	100.00%	100.00%	100.00%

图4-107　按列汇总的百分比数据

依据题目要求，我们需要查看每个类别的环比增长率，具体操作步骤如下。

（1）单击"求和项:销售金额"按钮，在打开的快捷菜单中选择"值字段设置"选项，打开"值字段设置"对话框，选择"值显示方式"选项卡，在"值显示方式"对应的下拉菜单中，选择"无计算"选项，单击"确定"按钮。将数据透视表中的数据恢复到按列求和状态，如图4-108所示。

求和项:销售金额	产品类别						
销售日期	电冰箱	电视机	烘干机	净水器	空调	洗衣机	总计
10月	477605.48	465784.82	475955.55	392319.46	504203.89	481392.94	2797262.14
11月	629161.11	480229.63	447238.01	410984.6	419389.17	559496.15	2946498.67
12月	471680.16	495165.93	403495.99	458315.97	426611.96	444322.97	2699592.98
1月	374320.15	430177.63	460804.99	347424.85	358046.24	373342.93	2344116.79
2月	382399.68	370988	470863.19	332632.21	555063.78	426339.22	2538286.08
3月	411037.82	452822.39	420604.38	310352.1	401369.22	412186.49	2408372.4
4月	471434.87	428677.33	509787.19	608197.19	418425.13	502648.96	2939170.99
5月	472548.71	389979.41	384424.56	350000.24	550703.17	494484.59	2642140.68
6月	390549.55	427994.64	409494.06	405685.38	398016.29	505163.12	2536903.04
7月	431646.78	484876.61	465423.03	371361.74	465307.41	403980.55	2622596.12
8月	565648.43	584714.33	555445.21	344208.01	710326.9	686587.89	3446930.77
9月	399027.71	409567.24	453919.48	335679.57	405629.51	463629.63	2467453.14
总计	5477060.45	5420977.96	5457455.96	4667161.32	5613092.67	5753575.44	32389323.8

图4-108　按列求和状态

（2）重复步骤（1）但在"值字段设置"对话框中，选择"差异百分比"选项、"基本字段"对应的下拉菜单中选择"销售日期"选项、"基本项"对应的下拉列表选择"上一个"选项，如图4-109所示。

图 4-109 "值字段设置"对话框设置

（3）确认无误后，单击"确定"按钮，就获得了 1~12 月的环比增长率，如图 4-110 所示。

求和项:销售金额	产品类别						
销售日期	电冰箱	电视机	烘干机	净水器	空调	洗衣机	总计
10月							
11月	31.73%	3.10%	-6.03%	4.76%	-16.82%	16.22%	5.34%
12月	-25.03%	3.11%	-9.78%	11.52%	1.72%	-20.59%	-8.38%
1月	-20.64%	-13.12%	14.20%	-24.20%	-16.07%	-15.97%	-13.17%
2月	2.16%	-13.76%	2.18%	-4.26%	55.03%	14.20%	8.28%
3月	7.49%	22.06%	-10.67%	-6.70%	-27.69%	-3.32%	-5.12%
4月	14.69%	-5.33%	21.20%	95.97%	4.25%	21.95%	22.04%
5月	0.24%	-9.03%	-24.59%	-42.45%	31.61%	-1.62%	-10.11%
6月	-17.35%	9.75%	6.52%	15.91%	-27.73%	2.16%	-3.98%
7月	10.52%	13.29%	13.66%	-8.46%	16.91%	-20.03%	3.38%
8月	31.04%	20.59%	19.34%	-7.31%	52.66%	69.96%	31.43%
9月	-29.46%	-29.95%	-18.28%	-2.48%	-42.90%	-32.47%	-28.42%
总计							

图 4-110 1~12 月的环比增长率效果图

4.3.5 分类汇总 + 计算字段

打开"4.3.1 年度订单表.xlsx"素材文件中的"分类汇总+计算字段"工作簿学习分类汇总功能。

题目要求：

（1）查看不同月份下，不同渠道的销售金额。

（2）给数据透视表添加分类汇总（求和&求平均值）。

先完成查看不同月份下，不同渠道的销售金额功能，操作步骤如下。

（1）单击年度订单表数据区域部分，单击"数据"选项卡→"数据透视表"按钮，在打开的对话框中，请保持默认的单元格数据区域位置，选中"现有工作表"单选按钮，并在对应的输入框中选择"分类汇总+计算字段"工作簿单元格A6。

（2）创建数据透视表后，在右侧的任务窗格中设置区域，将"销售日期"字段、"销售渠道"字段拖拽到"行"，将"销售金额"字段拖拽到"值"，即可查看不同月份下、不同渠道的销售金额数据，如图4-111所示。

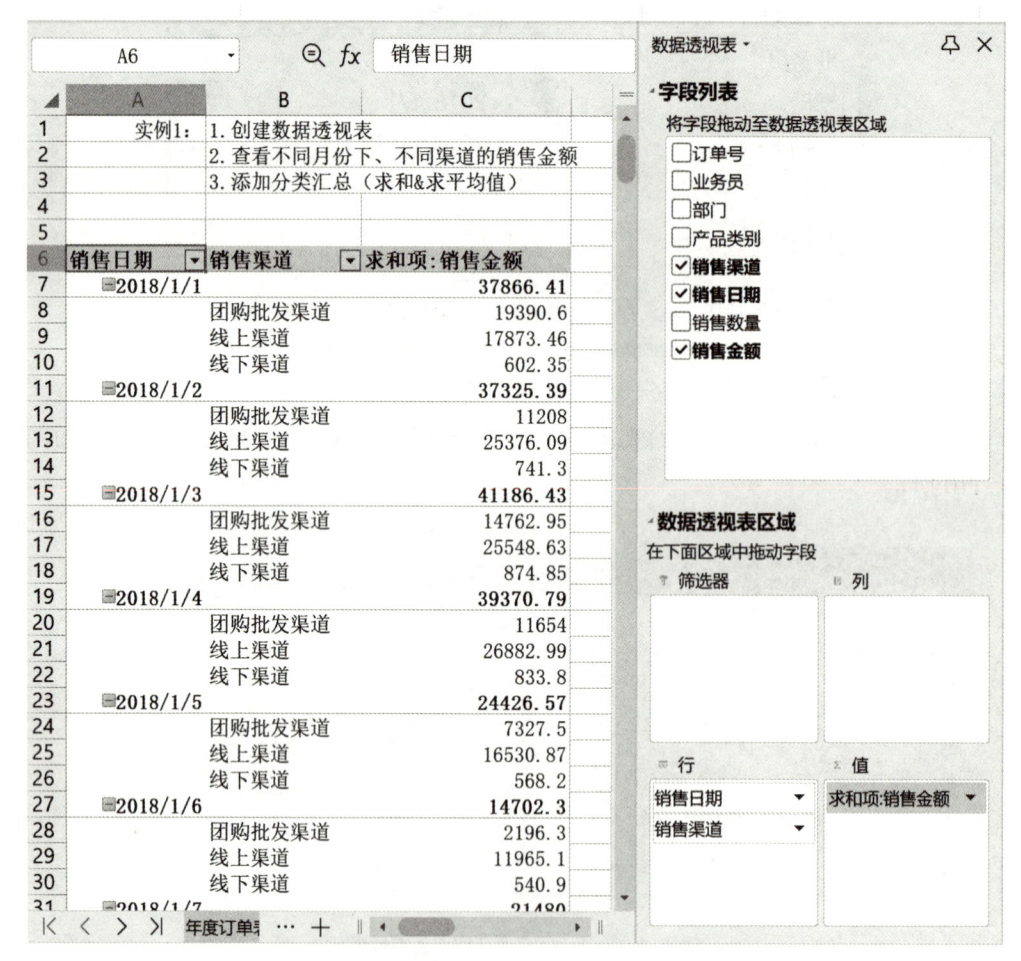

图4-111 查看不同月份下、不同渠道的销售金额数据

右击单元格A7，在打开的快捷菜单中选择"字段设置"选项，打开"字段设置"对话框。在对话框中，在"分类汇总"对应的单选按钮中选择"自定义"，在"选择一个或多个函数"对应的下拉菜单中选择"求和""求平均值"两项，如图4-112所示。

图 4-112 "字段设置"对话框

（3）确认无误后，单击"确定"按钮，完成给数据透视表添加分类汇总功能，如图 4-113 所示。

图 4-113 分类汇总功能的添加

接下来完成给数据透视表添加计算字段功能，具体步骤如下。

（1）单击年度订单表数据区域部分，单击"数据"选项卡→"数据透视表"按钮，在打开的对话框中，请保持默认的单元格数据区域位置，选中"现有工作表"单选按钮，在对应的输入框中选择"分类汇总+计算字段"工作簿单元格G6。确认无误后，单击"确定"按钮，创建数据透视表，依据题目3要求，将"销售渠道"字段拖拽到"行"，将"销售金额"拖拽到"值"，如图4-114所示。

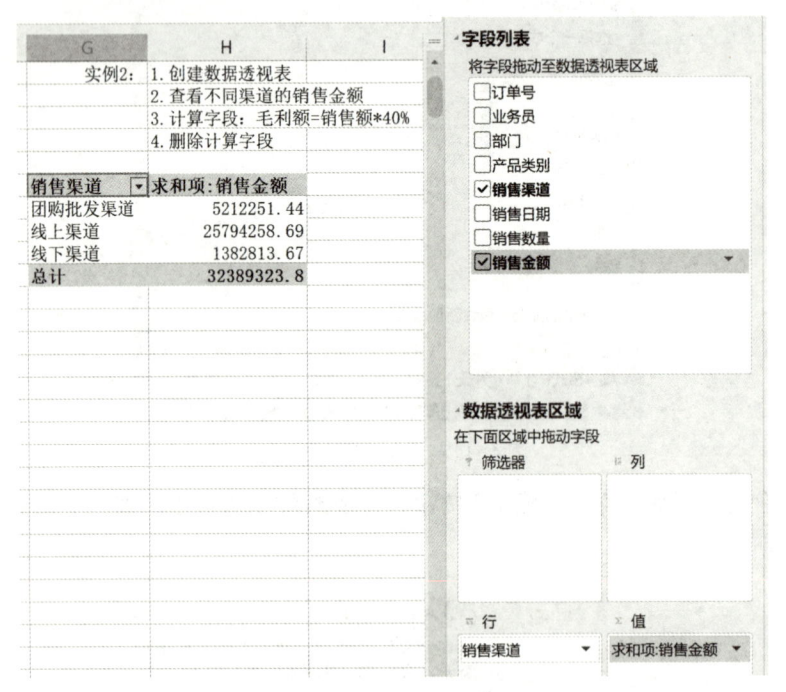

图4-114　查看不同渠道的销售金额

（2）下面为数据透视表添加计算字段，单击单元格H7，单击"分析"选项卡→"字段和项目"下拉按钮，在下拉菜单中，单击"计算字段"按钮，在打开的"插入计算字段"对话框中"名称"字段对应的文本框中输入"毛利额"，在公式对应的文本框中输入"=销售金额*0.4"，如图4-115所示。

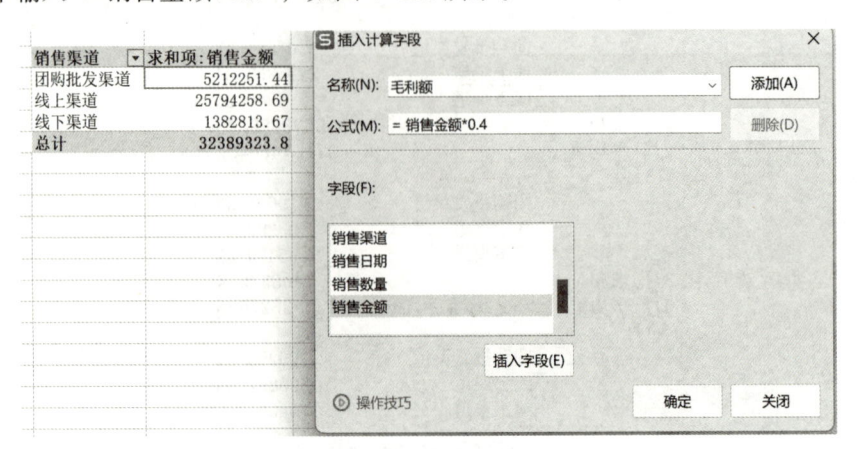

图4-115　"插入计算字段"对话框

（3）确认无误后，单击"确定"按钮，成功给数据透视表添加了计算字段（毛利），如图4-116所示。

销售渠道	求和项:销售金额	求和项:毛利额
团购批发渠道	5212251.44	2084900.576
线上渠道	25794258.69	10317703.48
线下渠道	1382813.67	553125.468
总计	32389323.8	12955729.52

图4-116　数据透视表添加计算字段（毛利）

至此，我们完成了数据透视表的计算字段的设置。

4.3.6 数据透视表：切片器

WPS表格中的切片器是一个非常实用的工具，它可以帮助我们更高效地处理WPS表格中的数据。切片器主要用于将一个大的表格按照需求进行切割和筛选。在日常工作中，我们经常会遇到需要筛选和处理大量数据的情况，这个时候切片器就派上了用场。

（1）打开"4.3.1年度订单表.xlsx"素材文件，选择"切片器"工作表，依照素材要求，快速创建数据透视表1和数据透视表2，如图4-117所示。

产品类别	求和项:销售金额
电冰箱	5477060.45
电视机	5420977.96
烘干机	5457455.96
净水器	4667161.32
空调	5613092.67
洗衣机	5753575.44
总计	32389323.8

销售渠道	求和项:销售金额
团购批发渠道	5212251.44
线上渠道	25794258.69
线下渠道	1382813.67
总计	32389323.8

图4-117　数据透视表1和数据透视表2的创建

（2）单击单元格G15，在"分析"菜单下，单击"插入切片器"按钮，在打开的对话框中，选择"部门""日期"作为切片器，如图4-118所示。

图4-118　"插入切片器"对话框

（3）单击"确定"按钮后，将生成的两个切片器，分开并列摆放。

（4）单击部门切片器，在"选项"选项卡下，修改切片器名称为"销售部门"。也可以在"选项"选项卡下修改切片器的外观和布局。单击切片器上的按钮，可以实现数据透视表数据的动态筛选。

（5）目前切片器只和数据透视表2（销售渠道）有关联，接下来需要将切片器和数据透视表1（产品类别）相关联。右击切片器，在打开的快捷菜单中选择"报表连接"选项，如图4-119所示。

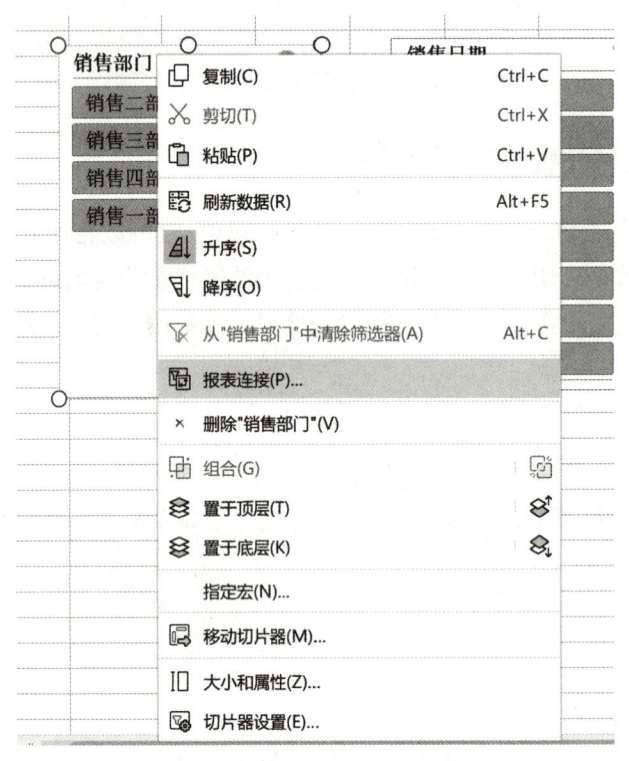

图4-119　选择"报表连接"选项

（6）在打开的"数据透视表连接（销售部门）"对话框中，同时勾选需要链接的数据透视表，单击"确定"按钮，重复以上操作将操作日期切片器同时关联两个数据透视表，如图4-120所示。

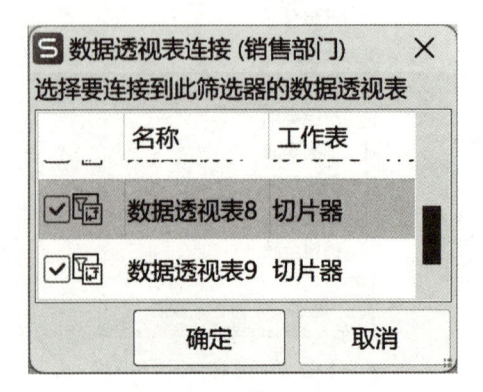

图4-120　"数据透视表连接（销售部门）"对话框

当更改切片器数据选择的时候，两个数据透视表中的数据会同时变动。

单击切片器，在"选项"选项卡下，更改切片器样式，如图 4-121 所示。

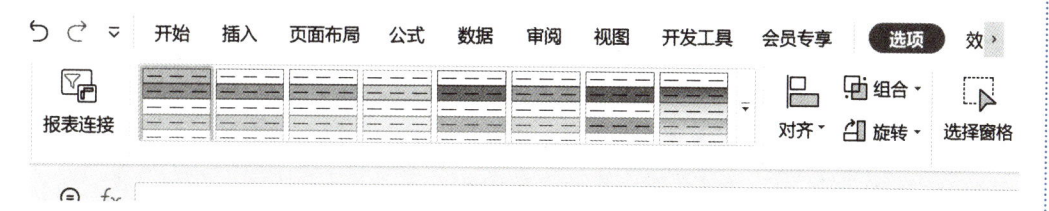

图 4-121　更改切片器样式

实训 4-3

使用 WPS 表格数据透视表完成家庭支出流水数据表数据处理

请打开随书素材"实训 4-3.xlsx"文件，并按照详细要求完成家庭支出流水数据处理。

针对家庭支出数据，你需要对过去两年中的账目进行统计和分析。请完成以下操作：

（1）使用表格工具处理"表 1"工作表的数据。

①将 A1：H2054 区域转换为表格，表格中包含标题并可以使用筛选按钮。

②将表格名称修改为"家庭支出表"。

③将"家庭支出表"预设样式更改为中色系的"表样式中等深浅 7"。

（2）使用数据透视表统计"家庭支出表.xlsx"中的数据。

①根据表格"家庭支出表"创建数据透视表，数据透视表位置为"新工作表"，将数据透视表所在工作表命名为"统计表"。

②在数据透视表中将行标签设置为"日期"，列标签设置为"成员"，值标签设置为"金额"，无需更改表格汇总方式。

③将行标签中的"日期"按照"年"和"月"组合。

④在数据透视表中筛选数据，仅显示"成员 A"2020 年支出最高的三个月数据。

⑤将数据透视表中的数据按"成员 A"的"金额"数据降序排序。

⑥将数据透视表布局修改为表格样式，仅对列启用总计。

⑦在数据透视表中使用大类字段插入切片器，预设样式选择"切片器样式深色 6"，切片器按钮分两列显示，将切片器置于 D2：G10 区域内。

将完成后的文件"实训 4-3.xlsx"重命名为"班级＋姓名＋学号.xlsx"，例如："23 电商 1 班＋李锐＋20210129.xlsx"，并将修改完成的文件提交给任课教师。

实训演示

4.4 WPS图表可视化

WPS Office2023 内置了多种图表类型，包括柱状图、折线图、饼图、条形图、面积图、散点图、股价图、雷达图、组合图等。使用图表工具，可以清晰地展示数据的变化趋势。

（1）打开"4.4 数据可视化-图表.xlsx"素材文件，在"销售数据"工作表中，选中 A6：C18 数据区域，单击"插入"选项卡中的"全部图表"按钮，在打开的"插入图表"对话框中选择"组合图"的第一个样式，在销售额一行勾选"次坐标轴"，单击"插入图表"按钮，如图 4-122 所示。

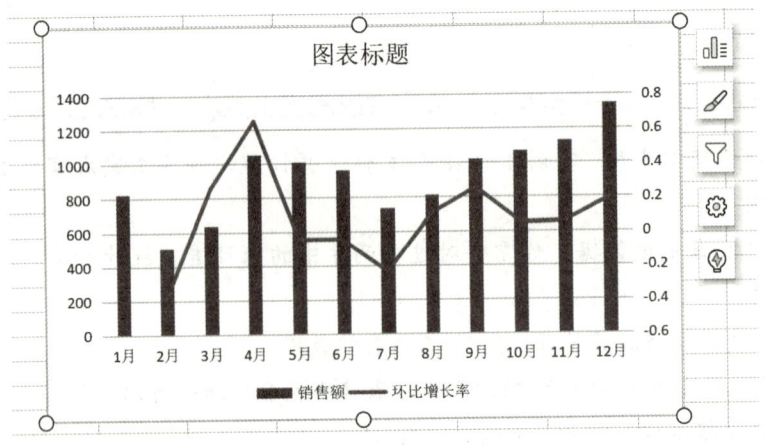

图 4-122　插入图表

（2）在插入成功后，需要对图表做一些修改和美化。单击蓝色柱子部分，使柱状图处于选中状态，右击需要修改的部分，在打开的快捷菜单中选择"设置数据系列格式"选项，如图 4-123 所示。

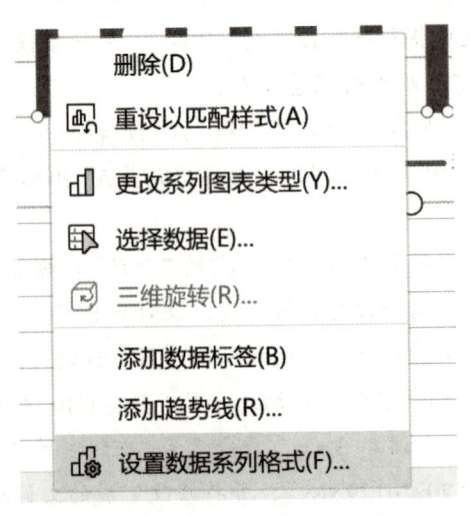

图 4-123　选择"设置数据系列格式"选项

（3）在右侧任务窗格中选择"填充与线条"选项，选中"纯色填充"单选按钮，设置填充颜色为"暗板岩蓝,着色1,深色50%"，如图 4-124 所示。

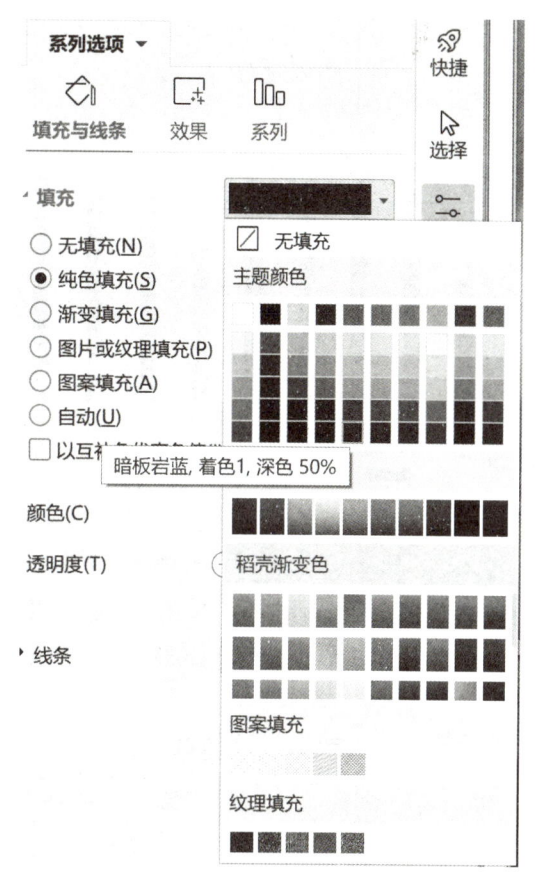

图 4-124 "填充与线条"选项卡

图表设置结果如图 4-125 所示。

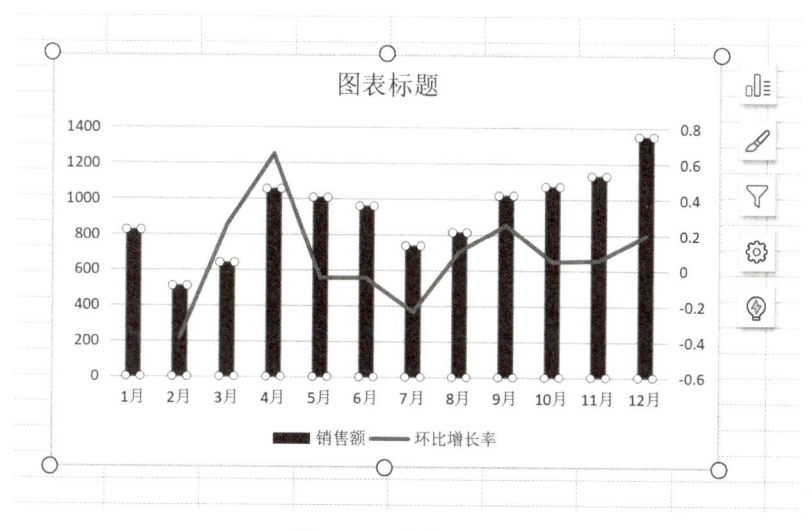

图 4-125 图表设置结果

（4）单击图表中黄色线条，使线条处于选中状态，在右侧设置颜色位置，选择标准颜色"绿色"。更改完成后，结果如图 4-126 所示。

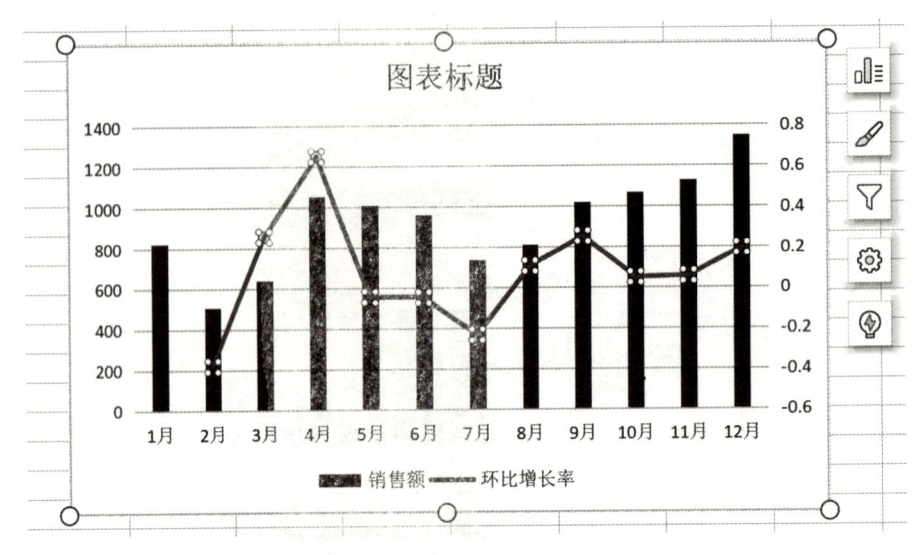

图 4-126　线条颜色设置结果

（5）选中图表，在"图表工具"选项卡下，单击"添加元素"下拉按钮，选择"图例"→"顶部"选项，将图例设置在图表顶部，如图 4-127 所示。

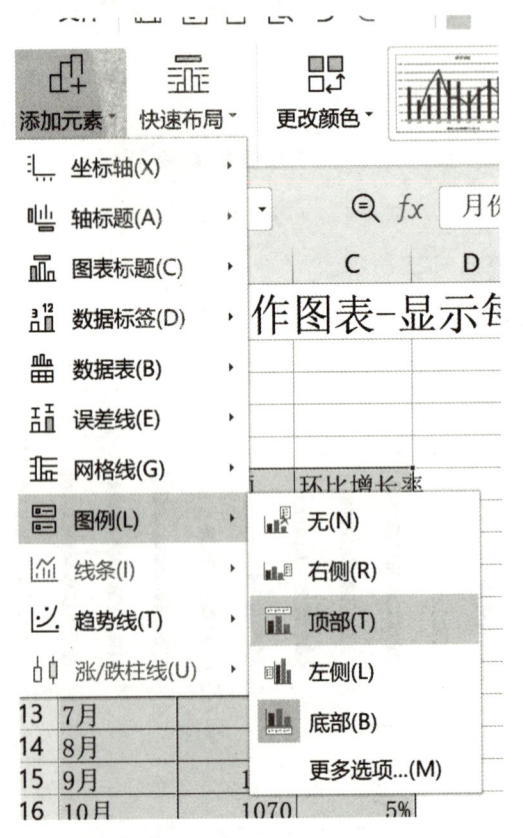

图 4-127　"添加元素"下拉按钮

修改完成后，如图 4-128 所示。

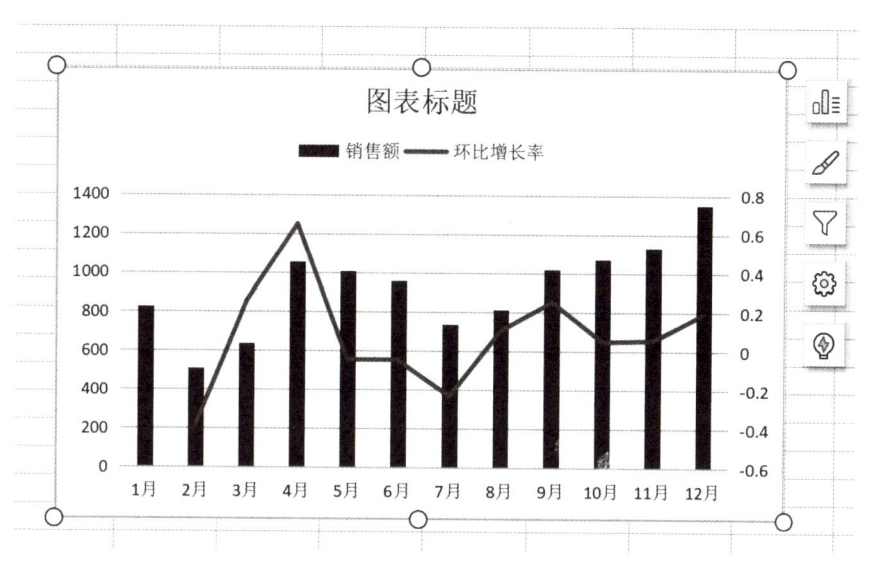

图 4-128　修改图例为顶部

（6）修改图表标题为"2024年销售趋势"。单击左侧"图表元素"快捷按钮，取消"网格线"多选按钮的选中，去掉图表网格线。选中次要坐标轴，右击选择"设置坐标轴格式"选项，如图 4-129 所示。

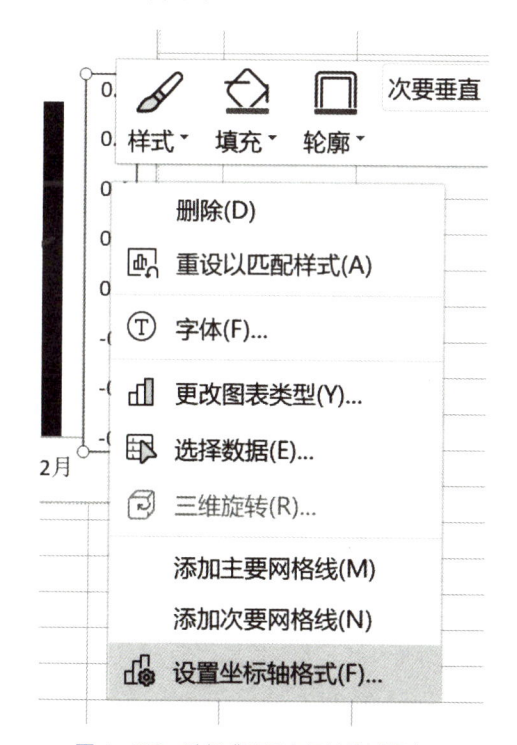

图 4-129　选择"设置坐标轴格式"选项

（7）在右侧坐标轴菜单下，将数字修改为百分比形式，小数位数设置为 0，将次坐标轴修改为百分比形式，如图 4-130 所示。

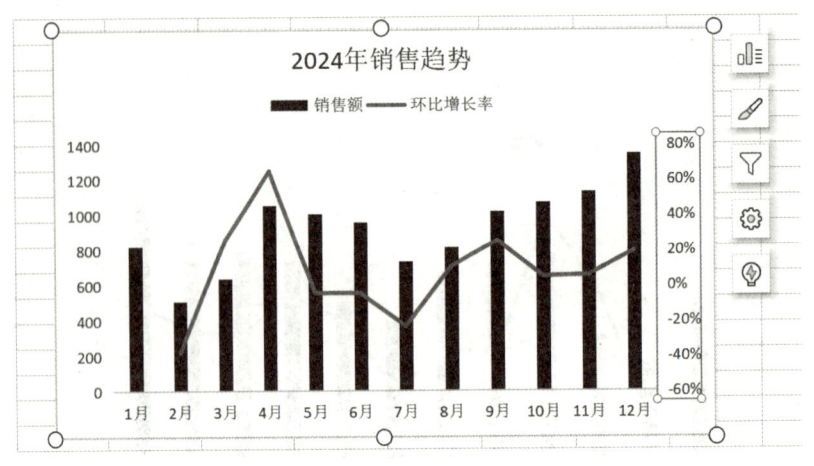

图 4-130　次坐标轴修改为百分比形式

至此，一张柱形图和折线图的复合图就完成了。

实训 4-4

使用 WPS 表格完成药品采购数据表数据处理

医药连锁机构市场部的小李年底要对公司的采购数据进行处理，完成数据的汇总分析和呈现。打开随书素材"实训 4-4.xlsx"文件，完成以下操作：

（1）根据"采购明细"工作表 A1：J2173 区域的数据创建数据透视表，放置在新工作表 A3 单元格中，并将新工作表重命名为"区域采购明细"，要求数据透视表显示不同区域下的不同药品名称，列显示月份，值显示金额。

（2）根据"数量分析表"工作表中已经制作好的报表，将 B 列"数量"划分为不同的区间，要求区间的步长值为 100。

（3）在"药品销售排名"工作表的数据透视表中，新增一个字段（放置在 C 列），要求该字段的值显示方式为降序排列，基本字段为"药品名称"，并按照对应金额从高到低进行排序，最后将该列的标题修改为"排名"。

（4）在"月销售数据"工作表中，插入"业务员"和"区域"两个切片器，要求切片器只显示深圳的数据，同时将报表中的单元格设置显示为 0。

（5）在"综合分析表"工作表中，将报表优化要求如下：套用透视表预设样式的"数据透视表样式中等深浅 13"，以表格形式显示，对日期这一列合并居中排列带标签的单元格。

（6）在"业务员销售占比"工作表中，根据 A4：B13 区域中的数据插入饼图，饼图放置在 C3：H14 区域，并添加数据标签，要求标签只显示百分比，标签的位置为数据标签外。

将完成后的文件"实训 4-4.xlsx"文件重命名为"班级+姓名+学号.xlsx"，例如："23 电商 1 班+李锐+20210129.xlsx"，并将修改完成的文件提交给任课教师。

知识拓展

（1）如何设置多个切片器的联动？
（2）数据透视表的常用应用场景是什么？
（3）柱形图、折线图、饼图的不同应用场景是什么？

任务拓展

请自行学习Python程序，利用Python编程实现WPS表格办公自动化。

思考与练习

复习思考

（1）请简述IF函数和IFS函数的区别。
（2）VLOOKUP函数和HLOOKUP函数有什么异同？
（3）COUNT函数和COUNTIF函数的使用场景是什么？

拓展阅读

在线测试

第5章

信息检索

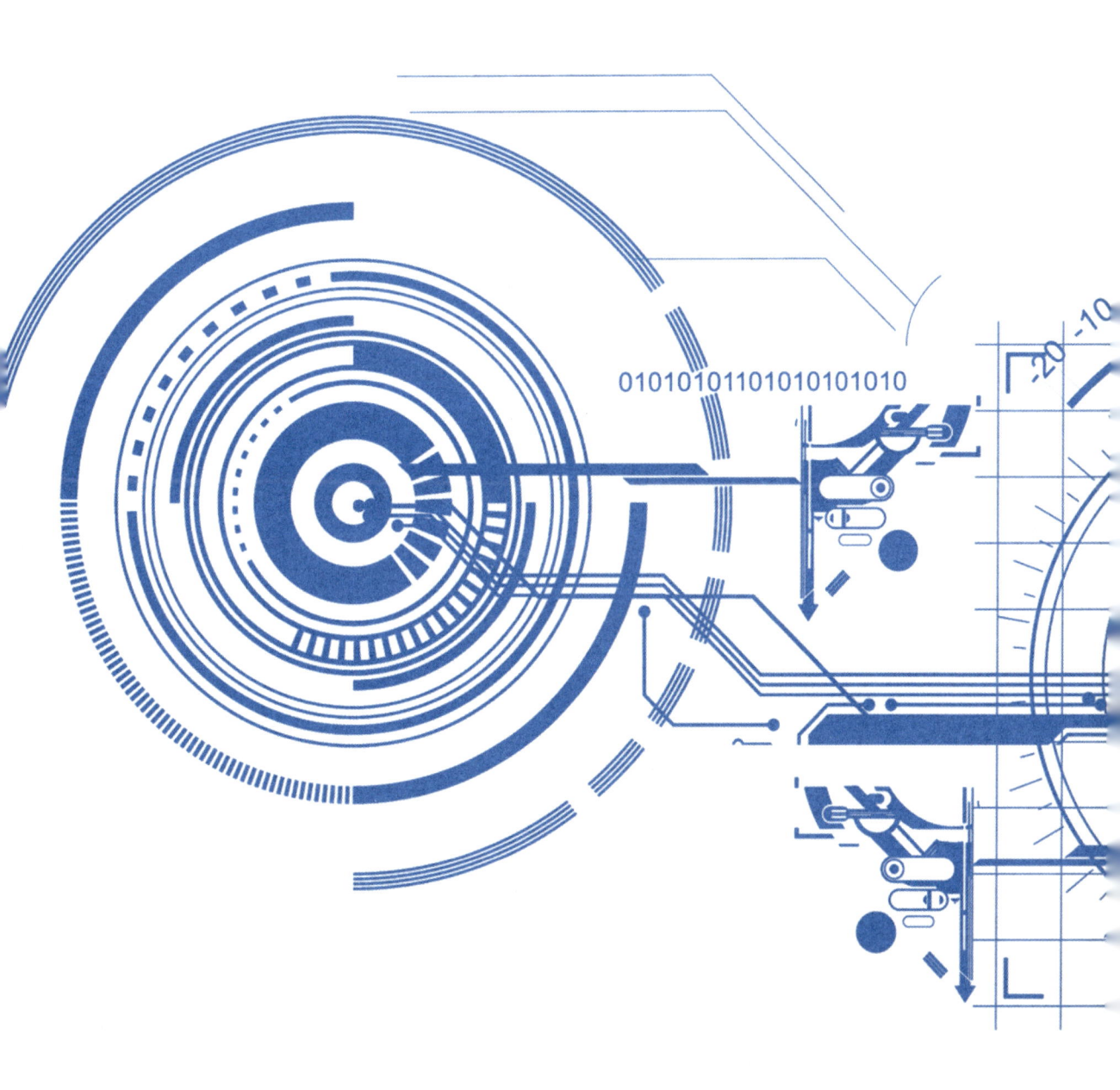

教学要求

知识目标

（1）理解信息检索的基本概念。
（2）了解信息检索的基本流程。
（3）掌握信息检索的分类。
（4）掌握常用的计算机检索方法。

技能目标

（1）能够利用搜索引擎搜索信息。
（2）能够利用社交媒体检索信息。
（3）能够利用期刊、论文数字化资源平台检索信息。

素养目标

（1）认识到信息的重要性，提高信息捕捉的敏感度。
（2）养成构建问题并成功构建检索策略、识别潜在信息源并检索信息源以及对所获信息进行组织、评价、整合的能力。
（3）具备运用批判性思维有选择地利用信息解决问题以及在相关研究中取得突破和创新的能力。
（4）具备正确的信息伦理道德观念，尊重知识产权，合法地获取和使用信息。

教学建议

5.1 认识信息检索	2 学时
5.2 计算机检索办法	4 学时
5.3 信息检索使用技巧	2 学时

信息检索是用户进行信息查询和获取的主要方式，它涉及查找信息的方法和手段。广义上讲，信息检索是信息加工、整理、组织和存储，再根据用户特定的需要准确地查找相关信息的过程，这一过程也可以称为信息的存储与检索。而狭义的信息检索则仅指信息查询，用户根据需要，采用一定的方法或借助检索工具，从信息集合中找出所需信息的查找过程。

在信息检索过程中，使用适当的检索工具和技术非常重要。检索工具可以帮助用户更准确地定位所需信息，提高检索效率。而检索技术则可以根据用户的信息需求和信息源的特点，选择合适的方法进行信息检索。

总之，信息检索是一个复杂的过程，它涉及信息的组织、存储、查找和利用等多个方面。通过有效地进行信息检索，用户可以更快速地获取所需信息，提高信息利用效率。

课程思政

尊重他人的权益和隐私，避免滥用信息检索技术和资源

2024年，中国公安机关针对日益猖獗的"人肉搜索"违法行为，展开了前所未有的打击行动，并取得了显著成效。

根据公安部发布的信息，2024年被定为打击整治网络谣言专项行动年，公安机关依托"净网"专项行动，依法严厉打击网络谣言和"人肉搜索"等违法犯罪活动。司法机关也出台了新的司法解释，明确界定了"人肉搜索"行为的法律界限，对于非法获取、出售或提供个人敏感信息50条以上的，即构成犯罪，可处以三年以下有期徒刑或拘役。

中央网信办开展的"清朗·网络戾气整治"专项行动，集中整治了包括"人肉开盒"在内的网络暴力行为，释放出严打网络违法犯罪的信号。

公安机关的一系列行动，不仅彰显了法律对个人信息安全的保护，也向全社会传递了一个明确的信息：网络空间不是法外之地，任何侵犯公民个人信息的行为都将受到法律的严惩。公安机关呼吁广大网民提高自我保护意识，共同维护网络空间的清朗和公民的合法权益。

信息检索是一项基于互联网技术的信息处理和分析工具，它可以帮助我们快速获取所需的信息和知识。而"人肉搜索"是一种不负责任和不道德的行为，它通过互联网和社交媒体平台散播虚假信息、攻击他人、侵犯隐私，不仅违反了社会公德和法律法规，也可能对被搜索者造成严重的伤害。所以我们在使用信息检索时，应该遵守相关的法律法规和道德准则，尊重他人的权益和隐私，避免滥用技术和资源。

5.1 认识信息检索

在信息爆炸的时代，我们每天都被大量的信息包围，如何快速、准确地找到所需信息变得至关重要。通过信息检索，我们可以迅速定位到所需的信息，节省大量的时间和精力。在日常生活中，我们可以通过信息检索找到附近的餐馆、医院、旅游景点等，也可以通过在线视频、音乐平台等获取到各种娱乐资源。这些信息的获

取使得我们的生活更加便利和丰富。不仅如此，我们还可以通过信息检索，轻松地获取到全球范围内的学术研究成果、科技进展等信息，从而促进知识的共享和创新。

5.1.1 信息检索的起源

信息检索起源于图书馆的参考咨询和文摘索引工作，从 19 世纪下半叶起步，至 20 世纪 40 年代，索引和检索已成为图书馆独立的工具和用户服务项目。随着 1946 年世界上第一台电子计算机问世，计算机技术开始逐步走进信息检索领域，并与信息检索理论紧密结合起来。脱机批量情报检索系统、联机实时情报检索系统相继研制成功并商业化。20 世纪 60 年代到 80 年代，在信息处理技术、通讯技术、计算机技术和数据库技术的推动下，信息检索在教育、军事和商业等各领域高速发展，并得到了广泛地应用。Dialog 国际联机情报检索系统是这一时期信息检索领域的代表，至今仍是世界上最著名的系统之一。

5.1.2 信息检索的定义

信息检索有广义和狭义之分。

广义的信息检索全称为"信息存储与检索"，是指将信息按一定的方式组织和存储起来，并根据用户的需要找出有关信息的过程。

狭义的信息检索为"信息存储与检索"的后半部分，通常称为"信息查找"或"信息搜索"，是指从信息集合中找出用户所需要的有关信息的过程。狭义的信息检索包括了解用户的信息需求、信息检索的技术或方法、满足信息用户的需求 3 个方面的含义。

5.1.3 信息检索的分类

5.1.3.1 按存储与检索对象划分

信息检索可以分为文献检索、数据检索和事实检索。

文献检索

（1）文献检索是指根据学习和工作的需要获取文献的过程。文献概念的发展经历了三个阶段，"文献"一词最早见于《论语八佾》。近代一般将文献理解为具有历史价值的文章和图书或与某一学科有关的重要图书资料。现代学者认为文献是记录人类知识和信息的一切载体，它由文献内容、载体材料、信息符号、记录方式四个要素构成。

（2）文献等级分类。

①零次文献指未经正式发表或未形成正规载体的一种文献形式，如：书信、手稿、会议记录、笔记等。零次文献在原始文献的保存、原始数据的核对、原始构思的核定（权利人）等方面具有重要的作用。

②一次文献是指作者以本人的研究成果为基本素材而创作或撰写的文献，不管创作时是否参考或引用他人的著作，也不管该文献以何种物质形式出现，均属一次文献。大部分在期刊上发表的文章和在科技会议上发表的论文均属于一次文献。

③二次文献指文献工作者对一次文献进行加工、提炼和压缩之后所得到的产物，其是为了便于管理和利用一次文献而编辑、出版和累积起来的工具性文献。检索工具书和网上检索引擎是典型的二次文献。

④三次文献是指对有关一次文献和二次文献进行广泛深入的分析研究综合概括而成的产物，如大百科全书、辞典、电子百科等。

数据检索

（1）数据检索是把数据库中存储的数据根据用户的需求提取出来。数据检索的结果会生成一个数据表，既可以放回数据库，也可以作为进一步处理的对象。

（2）数据检索包括数据排序和数据筛选两项操作。数据排序是指在查看数据时，往往需要按照实际需要，把数据按一定的顺序排列展示出来，这个过程称为数据排序。

数据筛选是指根据给定的条件，从表中查找满足条件的记录并且显示出来，不满足条件的记录被隐藏起来，这些条件称为筛选条件。

事实检索

（1）事实检索既包括数值数据的检索、算术运算、比较和数学推导，也包括非数值数据（如事实、概念、思想、知识等）的检索、比较、演绎和逻辑推理。

（2）事实检索是一个相当复杂的过程。目前通常还是依靠人工来完成。具体做法是利用检索工具、参考工具书、数据库或其他途径查出有关原始数据、事实或文献，然后进行分析比较，去粗取精，去伪存真，最后把得到的"事实"提供给用户。

以上三种信息检索类型的主要区别在于数据检索和事实检索是要检索出包含在文献中的信息，而文献检索则检索出包含所需要信息的文献。

5.1.3.2 按存储的载体和实现查找的技术手段为标准划分

信息检索可以分为手工检索、机械检索、计算机检索。

手工检索

手工检索是一种传统的检索方法，即以手工翻检的方式，利用工具书（包括图书、期刊、目录卡片等）来检索信息。

手工检索不需要特殊的设备，用户根据所检索的对象，利用相关的检索工具就可以进行。手工检索的方法比较简单、灵活，容易掌握。但是，手工检索费时、费力，特别是进行专题检索和回溯性检索时，需要翻检大量的检索工具进行反复查询，还需要花费大量的人力和时间，而且很容易造成误检和漏检。

机械检索

机械检索是指通过机械方式，如使用检索工具或检索系统，来查找和获取文献信息的过程。这种方式主要是基于文献的外部特征，如文献标题、作者、关键词等，来进行查找和筛选。

在信息爆炸的时代，面对海量的文献资源，通过机械检索可以快速定位到自己所需的文献，从而提高检索效率。机械检索的优点是速度快、范围广、简单易行，但缺点是可能无法完全满足用户的信息需求，因为检索的结果可能包含大量无关的文献。

计算机检索

（1）计算机检索是指人们在计算机或计算机检索网络的终端机上，使用特定的检索指令、检索词和检索策略，从计算机检索系统的数据库中检索出需要的信息，再由终端设备显示或打印的过程。

（2）计算机检索的特点：检索方便快捷；检索功能强大；获得信息类型多；检索范围广泛。

5.1.3.3 按检索途径划分

信息检索可以划分为直接检索和间接检索。

直接检索

通过直接阅读，浏览一次文献或三次文献从而获得所需资料的过程。

间接检索

借助检索工具或利用二次文献查找文献资料的过程。

思考

在数字化时代，信息检索的意义是什么呢？

5.2 计算机检索办法

在使用计算机进行检索访问时，使用一些特定的方法往往能加快搜索的速度。计算机检索主要包括布尔检索、截词检索、原文检索等方法。

5.2.1 布尔检索

布尔逻辑运算符利用布尔逻辑运算符进行检索词或代码的逻辑组配，是现代信息检索系统中最常用的一种方法。常用的布尔逻辑运算符有逻辑或"OR"、逻辑和"AND"、逻辑非"NOT"。使用这些逻辑运算符将检索词组配构成检索提问式，计算机将根据提问式与系统中的记录进行匹配，当两者相符时则为真，并自动输出该文献记录。

下面以"计算机"和"文献检索"两个词来解释三种逻辑运算符的含义。

（1）"计算机" AND "文献检索"，表示查找内容中既含有"计算机"又含有"文献检索"词的文献。

（2）"计算机"OR"文献检索"，表示查找内容中含有"计算机"或含有"文献检索"以及两词都包含有的文献。

（3）"计算机"NOT"文献检索"，表示查找内容中含有"计算机"而不含有"文献检索"的那部分文献。

在布尔检索中逻辑运算符的使用是最频繁的，逻辑运算符使用的技巧决定检索结果的满意程度。用布尔逻辑表达检索要求，除要掌握检索课题的相关因素外，还应注意布尔运算符对检索结果的影响。另外，对同一个布尔逻辑提问式来说，不同的运算次序会有不同的检索结果。布尔运算符使用正确但不能达到应有检索效果的情况是广泛存在的。

5.2.2 截词检索

截词检索就是使用截断词的一个局部进行检索，找到包含该截断词局部（字符/串）的文献。按截断的位置截词可以分为后截断、前截断、中截断三种类型。

不同的系统所用的截词符也不同，常用的有"？""$""*"等。截词符可以分为有限截词（一个截词符只代表一个字符）和无限截词（一个截词符可代表多个字符）。下面以无限截词进行举例说明。

（1）后截断，截词符前的内容一致。如comput？表示computer, computers, computing等。

（2）前截断，截词符后的内容一致。如？computer表示minicomputer, microcomputer等。

（3）中截断，截词符中间部分的内容一致。如？comput？表示minicomputer, microcomputers等。

截词检索是一种常用的检索技术，也是防止漏检的有效工具，尤其在西文检索中，更是广泛应用。截断技术可以作为扩大检索范围的手段，具有方便用户、增强检索效果的特点，但一定要合理使用，否则会造成误检。

5.2.3 原文检索

"原文"是指数据库中的原始记录，原文检索是以原始记录中的检索词与检索词之间特定位置关系为对象的运算。原文检索可以说是一种不依赖叙词表而直接使用自由词的检索方法。

原文检索的运算方式，不同的检索系统有不同的规定，其差别是规定的运算符不同；运算符的职能和使用范围不同。原文检索的运算符可以统称为位置运算符。从RECON、ORBIT和STAIRS三大软件对原文检索的规定，可以看出其运算符主要有以下4个级别。

（1）记录级检索，要求检索词出现在同一记录中。

（2）字段级检索，要求检索词出现在同一字段中。

（3）子字段或自然句级检索，要求检索词出现在同一子字段或同一自然句中。

（4）词位置检索，要求检索词之间的相互位置满足某些条件。

原文检索可以弥补布尔检索、截词检索的一些不足。运用原文检索方法，可以增强选词的灵活性，解决部分布尔检索不能解决的问题，从而提高文献检索的水平和增强筛选的能力，但是原文检索的能力是有限的。从逻辑形式上看，它是更高级的布尔系统，因此存在着布尔逻辑本身的缺陷。

实训 5-1

请说出以下查找内容的检索式

（1）胰岛素治疗糖尿病。

（2）动物的乙肝病毒（除人之外的动物）。

5.3 信息检索使用技巧

信息检索是人们进行信息查询和获取的主要方式，是查找信息的方法和手段。掌握检索网络信息的使用技巧，是现代信息社会对高素质技术技能人才的基本要求。

5.3.1 利用搜索引擎检索信息

在使用搜索引擎检索信息时，可以使用以下办法。

（1）选择合适的搜索引擎：不同的搜索引擎有不同的特点和使用方式，选择最适合的搜索引擎可以更快地找到所需的信息。常见的搜索引擎有Google、百度、Bing等。

（2）使用关键词：使用具体的关键词可以帮助搜索引擎更好地理解搜索意图，并返回更相关的结果。关键词应该与要查找的信息相关，并且尽量简洁明了。

（3）过滤结果：在搜索结果页面，可以使用过滤器来缩小搜索范围，例如只显示某个特定年份、地区或文件类型的搜索结果。

（4）使用高级搜索功能：大多数搜索引擎都提供高级搜索功能，可以更精确地查找信息。例如，可以使用引号来查找完全匹配的短语或使用特定运算符来组合多个关键词。

（5）尝试不同的搜索方式：有时候，使用不同的搜索方式可以找到更相关的结果。例如，可以尝试使用短语搜索、排除某个关键词或使用不同的搜索引擎进行搜索。

（6）参考权威来源：在查找信息时，尽量参考权威、可靠的来源，以确保获得准确的信息。

（7）注意信息来源：在使用搜索引擎查找信息时，需要注意信息来源的可靠性、信誉性和准确性。对于不可靠来源的信息，应谨慎对待，尽量避免使用。

5.3.2 利用社交媒体检索信息

利用社交媒体检索信息是一个有效的方式，可以获取大量实时的、用户生成的内容。以下是更好地利用社交媒体进行信息检索的方法。

（1）选择合适的社交媒体平台：微信、微博、抖音、小红书等都是非常流行的社交媒体平台。根据需要检索的信息类型和目标受众，选择最合适的平台。例如，如果目标是获取有关消费者行为的见解，微博可能是一个更好的选择，因为微博上有大量的用户生成内容。

（2）设定关键词：一旦确定了目标平台，下一步是确定与感兴趣的主题相关的关键词。这些关键词应尽可能具体，以帮助缩小搜索范围并提高相关度。

（3）筛选和过滤内容：在检索信息时，可能会遇到大量不相关的或重复的内容。使用平台的搜索功能、筛选器和过滤器来精简结果，只保留最相关和最有价值的信息。

（4）关注关键账号：在社交媒体平台上，一些账号或个人可能会发布与感兴趣的主题相关且有价值的信息。关注这些账号，以便在他们发布新内容时进行及时获取。

（5）利用数据工具：一些社交媒体平台提供了数据工具或分析功能，可以帮助我们更深入地了解受众、趋势和内容。利用这些工具来获取更深入的见解和信息。

（6）参与讨论：在社交媒体平台上，用户经常通过帖子、评论和私信进行互动。通过参与讨论，可以获得更直接、实时的反馈和见解，同时也可以与其他用户交流经验和观点。

（7）定期更新和监控：社交媒体内容是动态的，不断变化的。为了保持信息的时效性，需要定期更新和监控关注的主题和账户。

5.3.3 利用期刊、论文等数字化资源平台检索信息

利用期刊、论文数字化资源平台检索信息是一种高效、便捷的方法，可以快速找到所需的研究资料。以下是一些常用的期刊、论文数字化资源平台：

（1）中国知网（CNKI）：中国最大的学术资源库，提供海量的中文学术论文、期刊、专利等资源。

（2）万方数据：收录了大量的学术期刊、学位论文、会议论文等，可使用关键词、摘要等检索。

（3）维普资讯：提供科技、农业、社科等领域的期刊论文和数据资料。

（4）百度学术：拥有丰富的学术资源，支持关键词、作者、期刊等多种方式检索。

以中国知网为例，在知网上搜索信息主要有以下步骤：

（1）打开浏览器，搜索中国知网，找到官网并单击进入。

（2）进入知网首页后，可以看到检索框，这是最常用的一框式检索。如果你有特定的搜索需求，例如更精确的搜索条件，可以使用高级检索。

（3）在一框式检索中，直接输入想要检索的内容，可以得到检索结果。如果要搜索特定的某篇论文，一般推荐使用高级检索的功能。

（4）在高级检索中，可以看到不同的检索条件，如主题、关键词、篇名、摘要等。根据需要选择合适的检索条件，输入相应的检索词，可以进行精准检索。

（5）完成搜索后，可以根据需要选择相应的文献进行阅读或下载。

实训 5-2

根据要求，找出检索词

查出与课题相关的文献，写出篇名、著者、刊名、年、卷、期，并分别用篇名、关键词途径和全文途径检索所得文献的篇数。

（1）我国苯乙酸技术现状与开发途径。
（2）计算机数据通讯网络研究。
（3）有关上市公司年报述评。
（4）移动通信病毒。

知识拓展

（1）什么是数据库？
（2）文献类型标识有哪些？
（3）信息存储的介质有哪些？
（4）如何做到数据可视化？

任务拓展

如何通过优化信息组织和存储来提高信息检索的效率和准确性。

思考与练习

复习思考

（1）请简述信息检索的发展历程。

（2）广义和狭义的信息检索的主要区别是什么？
（3）文献的等级分类有哪些？
（4）数据检索的流程有哪些？
（5）计算机检索的特点有哪些？
（6）常用的布尔逻辑运算符有哪几种？他们之间的区别是什么？
（7）截词检索按截断位置可以分为哪几种？
（8）如何利用搜索引擎检索信息？

第 6 章

新一代信息技术

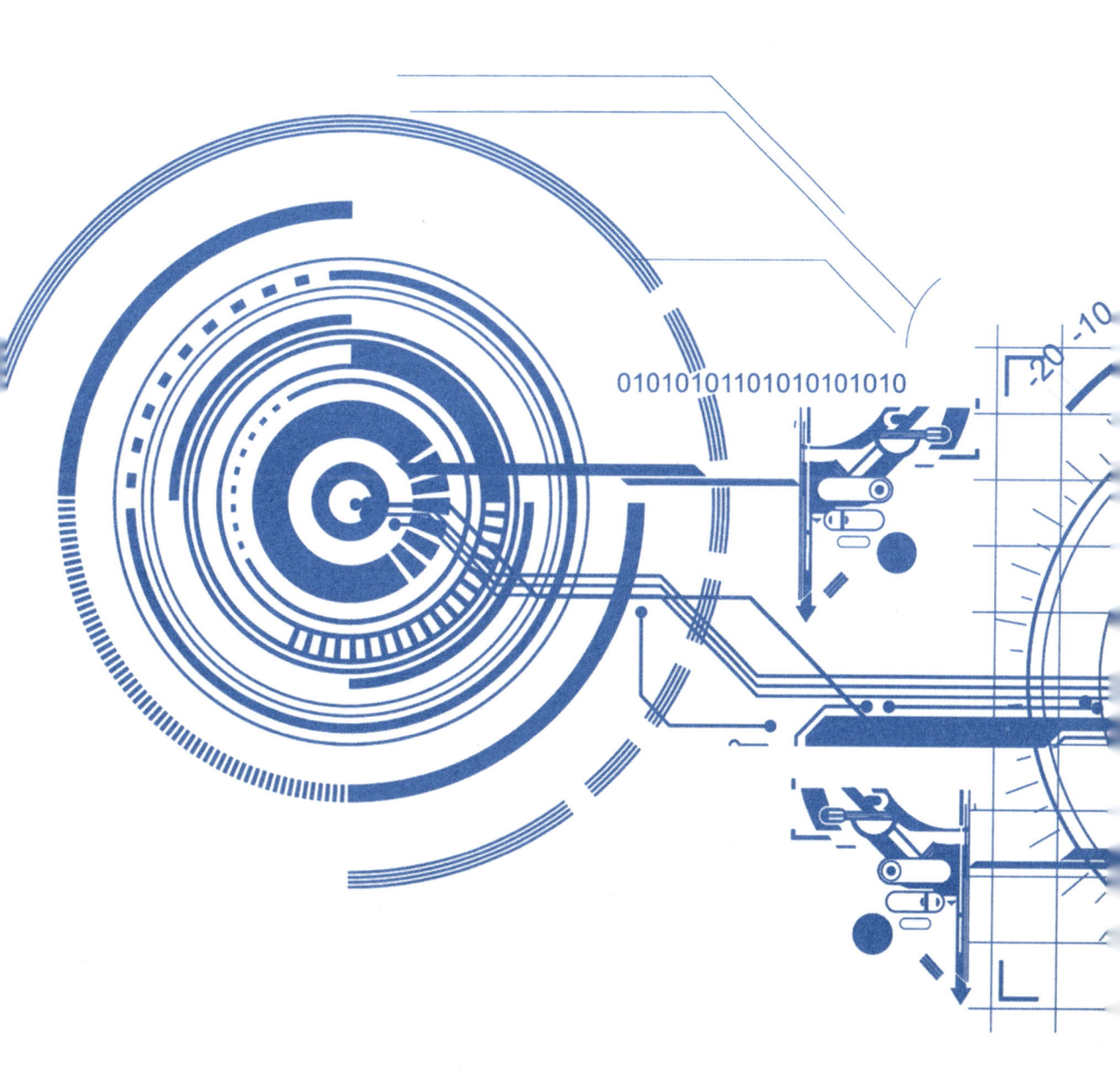

教学要求

知识目标

（1）了解新一代信息技术的基本概念。
（2）掌握新一代信息技术的技术特点。
（3）了解新一代信息技术的典型应用。

技能目标

（1）能够利用新一代信息技术解决实际问题。
（2）理解新一代信息技术与其他领域的融合趋势，如金融科技、智能制造、智慧医疗等。

素养目标

（1）能够运用计算机科学领域的思想方法，形成问题解决方案，提高逻辑思维、分析问题以及通过编程等方式解决问题的能力。
（2）能够评估并选用常见的数字化资源与工具，有效管理学习过程与学习资源，创造性地解决问题，完成学习任务，形成创新作品。
（3）关注信息技术革命所带来的环境问题与人文问题，积极学习新兴技术。

教学建议

6.1 认识人工智能	2学时
6.2 认识量子信息	2学时
6.3 认识移动通信	2学时
6.4 认识物联网	2学时
6.5 认识区块链	2学时

新一代信息技术是以人工智能、量子信息、移动通信、物联网、区块链等为代表的新兴技术，既是信息技术的纵向升级，也是信息技术之间及其与相关产业的横向融合。本章包含新一代信息技术的基本概念、技术特点、典型应用、技术融合等内容。

课程思政

科技强国

华为是中国最大的通信设备和智能手机制造商，也是全球领先的5G技术提供商。然而，在过去几年里，华为遭到了美国政府的制裁，无法从全球芯片供应链中获得先进的芯片产品，导致其手机、5G、服务器等业务受到重大影响。面对这样的发展困境，华为转身喊出了"南泥湾"精神。

当2019年8月余承东在华为开发者大会上正式发布鸿蒙系统时，这个看上去有些简陋的系统，还未能完全说服开发者和消费者。但三年之后，还是华为开发者大会，还是余承东，其宣布搭载鸿蒙系统的华为设备已达3.2亿台，较上年同期增长113%；鸿蒙智联产品发货量超2.5亿台，较上年同期增长212%。华为从应对美国不断制裁的战时状态逐步转为制裁常态化正常运营。

2022年6月28日，习近平总书记在湖北省武汉市考察时强调，科技自立自强是国家强盛之基、安全之要。在这个充满不确定性的时代，需要我们不断增加自身学识，提升科技创新能力，只有这样，我们才能在全球竞争中立于不败之地。

6.1 认识人工智能

人工智能（Artificial Intelligence，AI）是一门新兴的技术科学，结合了计算机科学、数学、心理学、哲学等多学科的理论和技术，旨在生产出一种能以与人类智能相似的方式做出反应的智能机器。随着时代发展，人工智能的应用领域在不断扩大，涉及医疗、金融、交通、农业、制造业等多个行业。例如，在医疗领域，人工智能可以帮助医生诊断疾病、分析病理切片等；在金融领域，人工智能可以用于风险评估、投资决策等；在交通领域，人工智能可以协助交通管理部门优化交通流量、减少拥堵等。

尽管人工智能技术取得了很大的进展，但它仍然面临着许多挑战和问题。例如，如何让机器更好地理解人类的自然语言、如何让机器具备更多的情感智能等。此外，人工智能的发展也引发了许多伦理和隐私问题，需要进行深入探讨和研究。

6.1.1 人工智能的基本概念

人工智能是一门研究、开发用于模拟、延伸和扩展人的智能的理论、方法、技术及应用系统的新技术科学。该领域的研究包括机器人、语言识别、图像识别、自然语言处理和专家系统等。人工智能可以对人的意识、思维的信息化过程进行模拟。

人工智能的核心思想在于构造智能的人工系统，使机器能够胜任一些通常需要人类智能才能完成的复杂工作。根据是否能够实现理解、思考、推理、解决问题等高级行为，人工智能又可分为强人工智能和弱人工智能。

人工智能的应用领域不断扩大，理论和技术也日益成熟。它是一门极富挑战性的科学，从事这项工作的人必须懂得计算机知识、心理学和哲学等。

6.1.2 人工智能的技术特点

人工智能的技术特点主要体现在以下几个方面。

（1）自主学习和适应能力：人工智能系统可以根据不断增加的数据进行自主分析，进而自主学习并调整自身的算法模型，使其具备更强的适应能力。例如，机器学习技术的广泛应用就是人工智能系统学习与掌握新知识的重要方式。

（2）高效的数据处理能力：人工智能系统可以处理大量的数据，进行快速、准确地信息抽取、分类、挖掘和分析，从而帮助用户进行各种决策。

（3）决策能力和自主规划能力：人工智能系统可以基于先前获得的知识和信息，自主进行推理和决策，提供更高效的解决方案。例如，在游戏领域，人工智能系统可以通过自主规划和决策，智能地攻击、防御或逃跑。

（4）多领域的应用能力：人工智能技术被广泛应用于医疗、金融、游戏、物流、教育、智能家居等领域。人工智能系统在自动化、机器人、物联网等领域都得到了广泛的应用。

（5）人机交互与自然语言处理能力：人工智能系统可以通过人机交互方式，如语音识别、音频识别、视觉交互等，更好地与人类进行沟通和交互。人工智能系统还具有自然语言处理能力，可根据人类的自然语言输入，完成自然语言分析、语义理解等工作。

（6）自动化和智能化的特点：人工智能技术可以实现机器的自动化和智能化。例如，机器人可以通过人工智能控制完成物品搬运、监控、巡检等工作，从而减轻人类劳动强度。

（7）保密性和安全性：在人工智能中，保密性和安全性是非常重要的。人工智能系统需要在保证数据完整性和隐私性的前提下，进行数据交互和应用。例如，在银行和医疗领域，人工智能系统必须保障数据的安全性，防止数据泄露、篡改等问题。

总的来说，人工智能的技术特点体现在自主学习和适应能力、高效的数据处理能力、决策能力和自主规划能力、多领域应用能力、人机交互与自然语言处理能力、自动化和智能化以及保密性和安全性等方面。这些特点使得人工智能技术在各个领域得到广泛应用，并为企业和个人提供更好的服务和生活质量。

6.1.3 人工智能的典型应用

人工智能的典型应用包括但不限于以下几个方面。

（1）智能客服机器人是一种人工智能实体形态，能够模拟人类行为，实现语音识别和自然语义理解，具有业务推理、话术应答等能力。智能客服机器人被广泛应用于商业服务与营销场景，为客户解决问题、提供决策依据。

（2）虚拟助手：例如 Siri、Google Assistant、Alexa 等，它们能理解并回答用户的问题，或者执行一些简单的任务，如设置提醒、播放音乐或提供天气预报等。

（3）自动驾驶：人工智能在自动驾驶汽车中的应用正在改变我们的交通系统。通过深度学习，自动驾驶汽车能够识别路标、预测其他车辆和行人的行为，从而安全地驾驶。

（4）医疗诊断：人工智能技术如深度学习已经被用来帮助医生进行诊断。人工智能可以从大量的医疗图像中识别出可能表示疾病的症状，从而为医生提供额外的诊断工具。

（5）金融服务：人工智能在金融服务中的应用包括风险评估、信用评分、算法交易等。人工智能能从大量的财务数据中分析出可能的风险或机会，帮助金融机构做出更好的决策。

（6）安全防护：人工智能在网络安全中的应用已经越来越广泛。例如，人工智能可以通过检测和识别异常行为来预防网络攻击，以及通过加密和安全的通信协议来保护数据传输。

实训6-1

请使用WPS AI编写一篇新闻稿

新闻稿内容是关于祝贺小李获得演讲比赛冠军，且字数不少于300字。

6.2 认识量子信息

科学社会学的奠基人贝尔纳曾说过，科学与战争一直是极其密切地联系着的。今天，倘若我们要追溯风靡全球的信息化战争之科技源头，无疑要提及1946年世界第一台计算机ENIAC诞生所开启的电子信息科技革命。然而，这一度彻底颠覆机械化战争图景的电子信息科技，在遵循摩尔定律飞速发展了数十年之后，制约其进一步发展的系列问题日渐凸显，电子计算机的极限运算速度是否存在？越来越趋于一体化的电子信息网络如何应对"网电空间战"？对此，近年来不断突破的量子信息科技正在开启新的机遇之门，势必在未来重新涂抹战神的面孔。

6.2.1 量子信息的基本概念

量子信息是一种将量子物理与信息技术相结合发展起来的新一代信息技术，主要包括量子通信和量子计算两个领域。量子通信主要研究量子密码、量子隐形传态、远距离量子通信的技术等；量子计算主要研究量子计算机和适合于量子计算机的量子算法。

在量子通信中，信息的传输和计算都将直接基于量子物理学，处理的是"量子比特"。其中，"量子密码"是利用量子态不可克隆的特性来产生二进制密码，为经典比特建立不可破译的量子保密通信，目前已步入产业化阶段。"量子隐形传态"是利用量子纠缠来直接传输量子比特，未来将应用于量子计算机之间的直接通信。另外，量子雷达也是量子信息技术的一种新应用，它可以提升雷达的综合性能，具有探测距离远、可识别和分辨隐身平台及武器系统等突出特点，未来可进一步应用于导弹防御和空间探测等领域。

6.2.2 量子信息的技术特点

量子信息的技术特点主要包括以下几个方面。

（1）提升计算能力：在经典信息中，信息的最小单位是比特，每个比特只能表示 0 或 1 的状态。而在量子信息中，信息的最小单位是量子比特（qubit），它可以同时表示 0 和 1 的叠加态，这种叠加态的数量是指数级的增长。量子叠加态的特性使得量子计算机在处理某些问题时具有巨大的优势，其具备实现经典计算机无法达到的并行计算能力，从而加速某些函数的运算速度。

（2）安全的信息传输：量子纠缠是指两个或多个量子比特之间存在一种特殊的关系，当一个量子比特发生变化时，与之纠缠的另一个量子比特也会产生对应的变化，这种变化是瞬时的、超越了时空的限制。这种纠缠的特性使得量子通信可以实现更加安全的信息传输，即量子密钥分发技术。

（3）不可克隆性：在经典信息中，信息的复制是一个简单的过程，人们可以通过复制信息的副本来实现信息的传递和存储。但在量子信息中，由于量子态的脆弱性，任何对量子态的测量和复制都会改变其状态，因此无法实现对量子态的精确复制。这种不可克隆的特性使得量子通信更加安全，可以防止信息被窃听或复制。

6.2.3 量子信息的典型应用

量子信息技术在传感计量、通信、仿真、高性能计算等领域拥有广阔的应用前景，并有望在物理、化学、生物与材料科学等基础科学领域带来突破。随着量子信息技术的不断发展，未来可能颠覆包括人工智能领域在内的众多科学领域。量子信息技术的典型应用包括量子保密通信、量子计算模拟和量子精密测量等。这些应用基于独特的量子现象，如叠加、纠缠和压缩等，以经典理论无法实现的方式来获取和处理信息。

6.2.4 量子信息与制造业的融合

量子信息技术是一种基于量子力学原理的信息处理技术，具有高速、精确、可靠和安全等优点，可以为制造业的数字化转型提供强有力的技术支持。

在制造业中，量子信息技术可以应用于生产过程的各个环节，如产品设计、制造控制、质量检测和供应链管理等方面。例如，利用量子计算技术可以更快地进行复杂数学计算和优化设计，缩短产品研发周期；利用量子传感器可以提高制造设备的精度和稳定性，提高生产效率和产品质量；利用量子通信技术可以实现数据加密和安全传输，保障生产过程中的信息安全。

量子信息与制造业的融合还需要克服一些技术、经济和社会等方面的挑战。例如，量子计算技术需要大规模投资和长期研发，目前仍处于发展阶段；量子传感器和量子通信技术也需要进一步提高稳定性和可靠性，以满足制造业的需求。此外，还需要解决量子信息技术与现有制造系统的兼容性和互操作性等问题。

为了推动量子信息与制造业的融合，需要加强产学研合作和技术创新，加强政策支持和资金投入，促进产业链上下游的合作和交流。同时，还需要加强人才培养和引进，提高企业和研究机构的研发能力和技术水平，为量子信息与制造业的融合提供有力的人才保障。

总之，量子信息与制造业的融合是未来制造业发展的重要趋势之一，对于推动制造业的数字化转型和高质量发展具有重要意义。

> **思考**
>
> 量子信息具有巨大的潜力和价值，它的实现和应用面临着哪些挑战？如何解决？

6.3 认识移动通信

移动通信延续着每十年一代技术的发展规律，已历经1G、2G、3G、4G的发展。每一次代际跃迁，每一次技术进步，都极大地促进了产业升级和经济社会发展。从1G到2G，实现了模拟通信到数字通信的过渡，移动通信走进了千家万户；从2G到3G、4G，实现了语音业务到数据业务的转变，传输速率成百倍提升，促进了移动互联网应用的普及和繁荣。当前，移动网络已融入社会生活的方方面面，深刻地改变了人们的沟通、交流乃至整个生活方式。4G网络造就了互联网经济的繁荣，解决了人与人随时随地通信的问题。随着移动互联网快速发展，新服务、新业务不断涌现，移动数据业务流量爆炸式增长，4G移动通信系统难以满足未来移动数据流量暴涨的需求，急需研发下一代移动通信（5G）系统。

5G作为一种新型移动通信网络，不仅要解决人与人之间的通信，为用户提供增强现实、虚拟现实、超高清（3D）视频等更加身临其境且极致的业务体验，更重要的是 5G 要解决人与物、物与物的通信问题，满足移动医疗、车联网、智能家居、工业控制、环境监测等物联网的应用需求。最终，5G 将渗透到经济社会的各行业各领域，成为支撑经济社会数字化、网络化、智能化转型的关键性基础设施。

6.3.1 移动通信的基本概念

移动通信是进行无线通信的现代化技术，这种技术是电子计算机与移动互联网发展的重要成果之一。移动通信是一种通信方式，主要特点是通信的双方中至少有一方是移动的。它是现代通信技术中最重要的领域之一，广泛应用于汽车、火车、轮船等移动体之间的通信，以及移动用户与固定点用户之间的通信。移动通信技术经过 1G、2G、3G、4G 四代技术的发展，目前，已经迈入了第五代发展的时代（5G 移动通信技术），这也是目前改变世界的几种主要技术之一。

现代移动通信技术主要可以分为低频、中频、高频、甚高频和特高频几个频段，在这几个频段之中，技术人员可以利用移动台技术、基站技术、移动交换技术，对移动通信网络内的终端设备进行连接，满足人们的移动通信需求。从模拟制式的移动通信系统、数字蜂窝通信系统、移动多媒体通信系统，到目前的高速移动通信系统，移动通信技术的速度不断提升，延时与误码现象减少，技术的稳定性与可靠性不断提升。

6.3.2 移动通信的技术特点

移动通信的技术特点主要包括以下几个方面。

（1）移动性：移动通信设备可以在一定范围内自由移动，不受地理位置的限制。移动通信网络能够提供全球范围内的无缝覆盖，实现用户的全球漫游。

（2）高效传输：移动通信网络采用数字信号传输技术，可以实现高速、高效的数据传输。同时，移动通信网络还可以提供多种不同的传输速率和传输技术，以满足不同用户的需求。

（3）灵活性：移动通信设备可以随时随地接入网络，用户可以根据需要灵活地选择通信方式和业务。移动通信设备也具有较好的便携性和可操作性，用户可以方便地进行通信。

（4）可靠性：移动通信网络具有较高的可靠性和稳定性，能够保证用户在各种情况下都能够正常地进行通信。移动通信网络还采用了多种安全措施和技术，保障用户的信息安全和隐私。

（5）多样性：移动通信业务和设备具有多样性，可以满足不同用户的需求。例如，移动通信网络可以提供语音、数据、视频等多种业务，移动通信设备也具有多种不同的形态和功能。

（6）环保性：移动通信技术和设备的广泛应用有助于减少对传统资源的依赖，

降低能耗和减少对环境的影响。移动通信设备采用节能技术，可以有效地降低能耗，同时移动通信网络的覆盖范围也得到了广泛地扩展，用户可以更加方便地获取信息和交流，从而减少纸张和其他资源的使用。

总之，移动通信的技术特点包括移动性、高效传输、灵活性、可靠性、多样性和环保性等。这些特点使得移动通信成为现代社会中不可或缺的一部分，为人们的生活和工作带来了极大的便利和效益。

6.3.3 移动通信的典型应用

移动通信的典型应用主要包括以下几个方面。

（1）移动支付：通过手机等移动设备进行金融交易，如支付宝、微信支付等。
（2）移动社交：在手机上使用各种社交媒体应用，如微信、微博、抖音等。
（3）移动定位：利用GPS等技术进行位置定位，多用于地图、导航等应用。
（4）移动电子商务：在手机上进行电子商务活动，如手机购物、在线订餐等。
（5）移动娱乐：在手机上进行各种娱乐活动，如听音乐、看电影、玩游戏等。
（6）移动教育：利用移动设备进行在线学习、教育辅导等活动。

6.3.4 移动通信与制造业的融合

移动通信与制造业的融合是极其复杂且富有挑战性的。这种融合有助于实现制造业的数字化转型，从而提升生产效率、降低能耗、优化供应链管理。

（1）设备连接与数据采集：移动通信技术，特别是5G和物联网（IoT）技术，使得制造设备能够相互连接并实时交换数据，企业能够实时监控生产过程，获取关于设备性能、生产效率、产品质量等方面的数据。这些数据可用于分析和改进生产流程，提高效率和减少浪费。

（2）远程控制与自动化：借助移动通信网络，制造企业可以实现远程控制和自动化生产。工作人员可以通过移动设备或专用控制中心对生产设备进行远程监控。这不仅提高了生产效率，而且减少了现场操作人员的需求，从而降低了安全风险。

（3）实时通信与协作：移动通信技术促进了制造业中的实时通信和协作。在生产过程中，不同部门和团队之间需要快速、准确地交换信息。移动设备和应用软件（如实时数据平台、协作工具等）可以帮助团队之间进行实时交流、协调和决策，从而提高生产效率和产品质量。

（4）供应链管理：移动通信技术可以帮助制造业企业更好地管理其供应链。通过实时跟踪设备和货物的位置和状态，企业可以更好地掌握库存和运输情况，优化物流和运输过程。此外，移动设备还可以用于与供应商和客户进行实时沟通，提高响应速度和客户满意度。

（5）智能分析与预测：基于移动通信技术的数据采集和分析工具可以帮助制造业企业进行智能分析和预测。通过分析历史数据和实时监测数据，企业可以预测设备故障、市场需求变化等，从而提前采取措施进行调整和优化。

（6）培训与教育：移动通信技术还可以用于制造业的培训和教育。通过移动设备，企业可以提供在线培训课程、操作指南、安全培训等，帮助员工随时随地学习和快速提升技能。这不仅可以提高员工的个人能力，也有助于提高企业的整体生产效率和产品质量。

总之，移动通信与制造业的融合有助于实现制造企业的数字化转型，提高生产效率和产品质量，降低能耗和成本。随着技术的不断进步和应用场景的不断拓展，这种融合将为制造业带来更多的创新和发展机遇。

> **思考**
>
> 目前，5G技术还在全球范围内不断推广和应用，而6G技术的研究和开发仍处于初级阶段，你觉得6G技术会是怎样的呢？

6.4 认识物联网

物联网起源于传媒领域，是信息科学技术产业的第三次革命。物联网是基于互联网、广播电视网、传统电信网等信息承载体，让所有能够被独立寻址的普通物理对象实现互联互通的网络。

物联网是新一代信息技术的重要组成部分，实现人、机、物的泛在连接，大量新技术、新产品、新模式不断涌现，深刻改变着传统产业形态和社会生活方式。近年来，我国物联网产业蓬勃发展，整体呈现良好态势。"十四五"规划和2035年远景目标纲要提出，推动物联网全面发展，打造支持固移融合、宽窄结合的物联接入能力。

6.4.1 物联网的基本概念

6.4.1.1 物联网的历史发展

1991年，美国施乐公司首席科学家马克·维瑟在《科学美国人》杂志上发表了《21世纪的计算机》一文，对计算机的未来发展进行了大胆的预测。在文中，他开创性地提出"泛在计算"的思想，认为计算机将发展到与普通事物无法分辨为止，人们能随时随地通过任何智能设备上网享受各项服务，计算机技术最终将无缝地融入日常生活中。

1995年，美国微软公司联合创始人比尔·盖茨在其著作《未来之路》中有这样的一段精彩描述，"当你走进机场大门时，你的袖珍个人计算机与机场的计算机相联就会证实你已经买了机票；而你所遗失或遭窃的照相机将自动发回信息，告诉用户它现在所处的具体位置……"比尔·盖茨在这提及的便是"物物互联"的设想。然而受限于当时无线网络、硬件及传感设备的发展水平，他的美好设想并未引起当时人们的重视。

1999年，在美国召开的移动计算和网络国际会议上，美国麻省理工学院自动识别中心（MIT Auto-ID Center）的凯文·阿什顿教授在研究射频识别（RFID）技术时结合物品编码、RFID和互联网技术的解决方案首次提出了"物联网"的概念，他因此也被称作是"物联网之父"。

2005年，国际电信联盟（ITU）在突尼斯举行的信息社会世界峰会（WSIS）上正式确定了"物联网"的概念，并在之后发布的《ITU互联网报告2005：物联网》报告中给出了较为公认的"物联网"的定义：物联网是通过智能传感器、射频识别设备、卫星定位系统等信息传感设备，按照约定的协议，把任何物品与互联网连接起来，进行信息交换和通信，以实现对物品的智能化识别、定位、跟踪、监控和管理的一种网络。显而易见，物联网所要实现的是物与物之间的互联、共享、互通，因此又被称为"物物相连的互联网"。

作为新一代信息技术的高度集成和综合运用，物联网备受各界关注，也被业内认为是继计算机和互联网之后的第三次信息技术革命。当前，物联网已经应用在仓储物流、城市管理、交通管理、能源电力、军事、医疗等领域，广泛涉及国民经济和社会生活的方方面面。

6.4.1.2 物联网的定义

物联网是指通过信息传感设备，按约定的协议，将任何物体与网络相连接，物体通过信息传播媒介进行信息交换和通信，以实现智能化识别、定位、跟踪、监管等功能。更简单地说，物联网是连接所有物理设备和物品的网络，让这些设备和物品能够相互交流和互动。

6.4.2 物联网的关键技术

6.4.2.1 射频识别技术

射频识别技术（RFID）。RFID是一种简单的无线系统，由一个询问器（或阅读器）和很多应答器（或标签）组成。标签由耦合元件及芯片组成，每个标签具有扩展词条唯一的电子编码，附着在物体上标志目标对象，它通过天线将射频信息传递给阅读器，阅读器就是读取信息的设备。RFID技术让物品能够"开口说话"，这就赋予了物联网一个特性即可跟踪性。就是说人们可以随时掌握物品的准确位置及其周边环境。据Sanford C. Bernstein公司的零售业分析师估计，物联网RFID带来的这一特性，可使沃尔玛每年节省83.5亿美元，其中大部分是因为不需要人工查看进货的条码而节省的劳动力成本。RFID帮助零售业解决了商品断货和损耗（因盗窃和供应链被搅乱而损失的产品）两大难题。

6.4.2.2 微机电系统

微机电系统（Micro-Electro-Mechanical Systems，MEMS）是由微传感器、微执行器、信号处理和控制电路、通讯接口和电源等部件组成的一体化的微型器件系统。其目标是把信息的获取、处理和执行集成在一起，组成具有多功能的微型系统，集成于大尺寸系统中，从而大幅度地提高系统的自动化、智能化和可靠性水平。它是比较通用的传感器。MEMS赋予了普通物体新的生命，它们有了属于自己的数据传输通路，有了存储功能、操作系统和专门的应用程序，从而形成一个庞大的传感网。这让物联网能够通过物品来实现对人的监控与保护。遇到酒后驾车的情况，如果在汽车和汽车钥匙上都植入微型感应器，那么当喝了酒的司机掏出汽车钥匙时，钥匙能透过气味感应器察觉到一股酒气，无线信号会立即通知汽车"暂停发动"，汽车便会处于休息状态。同时"命令"司机的手机给他的亲朋好友发短信，告知司机所在位置，提醒亲友尽快来处理。不仅如此，未来衣服可以"告诉"洗衣机放多少水和洗衣粉最合适；文件夹会"检查"忘带了什么重要文件；食品蔬菜的标签会向顾客的手机介绍"自己"是否真正"绿色安全"。这就是物联网世界中被"物"化的结果。

6.4.2.3 M2M系统框架

M2M是Machine to Machine的简称，是一种以机器终端智能交互为核心的、网络化的应用与服务。它将使对象实现智能化的控制。M2M技术涉及5个重要的技术部分：机器、M2M硬件、通信网络、中间件、应用。基于云计算平台和智能网络，可以依据传感器网络获取的数据进行决策，并对对象的行为进行控制和反馈。以智能停车场场景来说，当该车辆驶入或离开天线通信区时，天线以微波通讯的方式与电子识别卡进行双向数据交换，从电子车卡上读取车辆的相关信息，在司机卡上读取司机的相关信息，自动识别电子车卡和司机卡，并判断车卡是否有效和司机卡是否合法，核对车道控制电脑显示与该电子车卡和司机卡一一对应的车牌号码及驾驶员等资料信息；车道控制电脑自动将通过时间、车辆和驾驶员的有关信息存入数据库中，车道控制电脑根据读到的数据判断是正常卡、未授权卡、无卡还是非法卡，据此作出相应的回应和提示。另外，家中老人戴上嵌入智能传感器的手表，在外地的子女可以随时通过手机查询父母的血压、心跳是否稳定；智能化的住宅在主人上班时，传感器自动关闭水电气和门窗，定时向主人的手机发送消息，汇报安全情况。

6.4.2.4 云计算

云计算旨在通过网络把多个成本相对较低的计算实体整合成一个具有强大计算能力的完美系统，并借助先进的商业模式让终端用户可以得到这些强大计算能力的服务。如果将计算能力比作发电能力，那么从古老的单机发电模式转向现代电厂集中供电的模式，就像大家习惯的单机计算模式转向云计算模式，而"云"就好比发电厂，具有单机所不能比拟的强大计算能力。这意味着计算能力也可以作为一种商品进行流通，就像煤气、水、电一样，取用方便、费用低廉，以至于用户无需自己配备。与电力是通过电网传输不同，计算能力是通过各种有线、无线网络传输的。因此，云计算的一个核心理念就是通过不断提高"云"的处理能力，不断减少用户终端的处理负担，最终使其简化成一个单纯的输入输出设备，并能按需享受"云"强大的计算处理能力。物联网从感知层获取大量数据信息，在经过网络层传输以后，放到一个标准平台上，再利用高性能的云计算对其进行处理，赋予这些数据智能，才能最终转换成对终端用户有用的信息。

6.4.3 物联网的典型应用

物联网在许多领域都有广泛的应用，以下是一些物联网的典型应用。

（1）智能家居：通过物联网技术，可以实现家庭设备的互联互通，方便用户远程控制家居设备，如智能照明、智能安防、智能家电等。

（2）智能交通：物联网技术可以应用于交通管理，如智能信号灯、智能停车位、智能交通卡等，提高交通效率，减少拥堵。

（3）智能工业：物联网技术可以实时监测工业设备的运行状态，预测维护需求，提高设备运行效率，降低运维成本。

（4）智慧农业：物联网技术可以实现对农田的实时监测，根据土壤、气候等条件进行精准农业管理，提高农产品产量和质量。

（5）智能物流：物联网技术可以实现货物的实时跟踪和监控，提高物流效率，降低运输成本。

（6）医疗健康：物联网技术可以实现医疗设备的远程监控和维护，实时监测患者的健康状况，提高医疗服务的质量和效率。

6.4.4 物联网与制造业的融合

物联网与制造业的融合是一个复杂而又多元的过程，涉及生产自动化、产品智能化、管理精细化和产业先进化等多个方面。

首先，物联网技术可以极大地促进生产自动化。在制造业中，物联网技术在工业控制技术、柔性制造和数字化工艺生产线等地方被广泛应用。这些技术提高了生产效率，降低了人力成本，同时提升了制造的精确度和质量。

其次，物联网技术可以使产品智能化。通过在产品中融入现代信息技术，例如智能家电、工业机器人和数控机床等，产品可以实现更多的智能化功能，满足消费者的多样化需求。这不仅提高了产品的附加值，也使得产品更具竞争力。

此外，物联网技术还可以实现管理精细化。在企业经营活动中，物联网技术如制造执行系统（MES）、产品追溯和安全生产的应用等，可以提高管理效率，优化业务流程，提高企业的运营能力。

最重要的是物联网与制造业的融合可以促进产业先进化。通过将物联网技术与传统制造业相融合，可以优化产业结构，促进产业升级。物联网等信息技术是一种高附加值、高增长率、高效率、低能耗、低污染的社会经济发展手段，能够推动产业的持续创新和发展。

总的来说，物联网与制造业的融合是一个复杂而多元的过程，涉及生产自动化、产品智能化、管理精细化和产业先进化等多个方面。通过这种融合，可以提高制造业的生产效率、产品质量和管理水平，推动产业升级和经济发展。同时，还需要注意物联网技术在制造业应用中的安全性和隐私保护问题，以确保数据安全和企业的可持续发展。

实训 6-2

请设计一个农业物联网系统

请设计一个农业物联网系统并叙述本系统主要包含哪些功能，以及是通过物联网的什么技术实现的。

6.5 认识区块链

2008年10月31日，在一个普通的密码学邮件列表中，几百个成员均收到了自称是中本聪的人的电子邮件，"我一直在研究一个新的电子现金系统，这完全是点对点的，无需任何可信的第三方"，然后他将他们引向一个九页的白皮书，其中描述了一个新的货币体系。11月16日，中本聪放出了比特币（Bitcoin）代码的先行版本。2009年1月3日，中本聪在位于芬兰赫尔辛基的一个小型服务器上挖出了比特币的第一个区块"创世区块（Genesis Block）"，并获得了50个比特币的首矿奖励。在创世区块中，中本聪写下这样一句话："The Times 03/Jan/2009 Chancellor on brink of second bailout for banks（财政大臣站在第二次救助银行的边缘）"这句话是当天《泰晤士报》头版的标题。中本聪将它写进创世区块，不但清晰地展示着比特币的诞生时间，还表达着对旧体系的嘲讽。如今，比特币已经成为数字货币领域的翘楚，拥有数十亿美元的市值。

6.5.1 区块链的基本概念

区块链是一个去中心化的分布式数据库，包含一串使用密码学方法产生并有序连接的数据区块。每个数据区块都包含有一定时间内产生的无法被篡改的数据记录信息。它结合了分布式存储、点对点传输、共识机制、密码学等技术，保障了数据的安全和透明性。区块链的起源可以追溯到比特币，最初由中本聪在2008年提出，作为比特币的底层技术和基础架构。需要注意的是：区块链并不等同于比特币，比特币是区块链的一种应用。

6.5.2 区块链的技术特点

区块链技术是一种基于去中心化、去信任化的集体维护数据库技术，它具有以下显著特点。

（1）去中心化：区块链技术最核心的特点就是去中心化，它不依赖于任何中心机构或第三方信任，而是通过分布式账本的方式，让所有参与的节点都能共同维护和管理数据库，实现数据的共享。

（2）去信任化：在区块链系统中，参与者无需建立信任关系即可进行安全的数据交换和传输，这是因为区块链技术利用加密算法和共识机制，保证了数据交换和传输的安全性和可靠性。

（3）可扩展性：区块链技术采用灵活的扩展性设计，可以轻松地添加新的节点和数据，同时保证系统的整体性能和稳定性。这使得区块链系统可以适应各种不同的应用场景和需求。

（4）匿名性：在区块链系统中，参与者的身份是匿名的，只有通过公钥和私钥才能验证其身份。这种匿名性可以保护参与者的隐私和安全，同时避免恶意攻击和数据篡改。

（5）不可篡改性：区块链技术的不可篡改性是其最重要的特性之一。一旦数据被写入区块链，就会被永久保存下来，无法被篡改或删除。这保证了数据的真实性和可靠性，使得区块链技术在许多领域都有着广泛的应用前景。

6.5.3 区块链的典型应用

区块链是一种分布式数据库技术，它允许去中心化地存储和管理数字资产，并通过加密算法保证数据的安全性和不可篡改性。

（1）金融领域：区块链技术在金融领域的应用是最广泛的。它可以用于提供去中心化的支付服务。此外，区块链还可以用于证券交易、保险、贷款等金融服务，提高交易效率和安全性。

（2）物流领域：区块链技术可以用于提供跨境物流追踪服务，帮助企业更好地管理供应链。通过区块链技术，可以实现物流信息的透明化，减少假冒伪劣商品和货物的交易风险。

（3）医疗领域：区块链技术可以用于提供安全可靠的医疗数据存储服务，帮助患者和医生更好地管理健康信息。区块链还可以用于药品溯源、医疗器械追踪等领域。

（4）版权保护：区块链可以用于版权保护领域。通过区块链技术，可以对数字内容的创建时间和拥有者进行记录，避免数字作品的盗版和侵权问题。

（5）物联网：区块链可以应用于物联网领域，为智能设备提供去中心化的安全通信和数据验证机制。通过区块链技术，可以实现智能设备的自我管理和自主控制，提高设备的可靠性和安全性。

（6）数字身份验证：区块链技术可以用于数字身份验证领域，为用户提供更加安全可靠的数字身份管理服务。通过区块链技术，可以验证用户的身份信息和授权情况，避免身份被盗用和滥用。

总之，区块链技术的应用场景非常广泛，它正在逐渐改变我们的生活和工作方式。

6.5.4 区块链与制造业的融合

区块链技术与制造业的融合是一个具有广阔前景的领域。通过将区块链技术的优势应用于制造业，可以实现更高效、透明和可靠的生产过程，可以优化资产配置，降低成本并提高整体运营效率。

（1）区块链技术的分布式对等和透明可信的特性有助于提高制造业的协作效率。在传统的制造过程中，各个环节之间的信息流通往往受到各种因素的影响，导致信息不透明、不准确。而区块链技术可以建立一个去中心化的、不可篡改的信息共享平台，使得各个环节之间的信息传递更加透明、准确，从而提高整个制造过程的协作效率。

（2）区块链技术可以提高制造业的质量控制和追溯能力。通过区块链技术，可以对每一个生产环节进行精确的记录，包括原材料的来源、生产过程的各种参数、产品的质量检测数据等。一旦出现质量问题，可以迅速定位到问题环节，并采取相应的措施进行改进。同时，这种追溯能力也有助于提高产品的可追溯性和品牌价值，增强消费者对产品的信任度。

（3）区块链技术还可以优化制造业的资产配置并降低成本。在制造业中，常常存在资产配置不合理、闲置率高、利用率低等问题。通过区块链技术，可以对各种资产进行实时监控和记录，精确掌握各种资产的实时状态和需求，实现更加合理的资源配置。同时，区块链技术也可以降低制造过程中的交易成本，提高整体运营效率。

（4）区块链技术还可以增强制造业的创新能力和市场竞争力。区块链技术的去中心化和开放性有助于促进制造业的创新发展，使得各种新工艺、新技术可以更快地得到应用和推广。同时，区块链技术也可以帮助制造业更好地应对市场变化，提高市场竞争力。

总之，区块链技术与制造业的融合具有广阔的发展前景和巨大的发展潜力。未来，随着技术的不断发展和完善，相信区块链技术将在制造业中发挥更加重要的作用，并不断推动制造业的创新和发展。

> **思考**
>
> 区块链存在的问题有哪些？

知识拓展

（1）什么是数据库？
（2）文献类型标识有哪些？
（3）信息存储的介质有哪3种？
（4）如何做到数据可视化？

任务拓展

如何优化信息组织和存储来提高信息检索的效率和准确性。

思考与练习

复习思考

（1）人工智能的技术特点有哪些？
（2）生活中常见的人工智能的应用有哪些？
（3）什么是量子信息？它的技术特点是什么？
（4）移动通信的主要特点有哪些？
（5）5G有哪些优点和缺点？
（6）物联网的定义是什么？
（7）云计算技术指的是什么？它具有什么优缺点？
（8）区块链的技术特点有哪些？

第 7 章

信息素养与社会责任

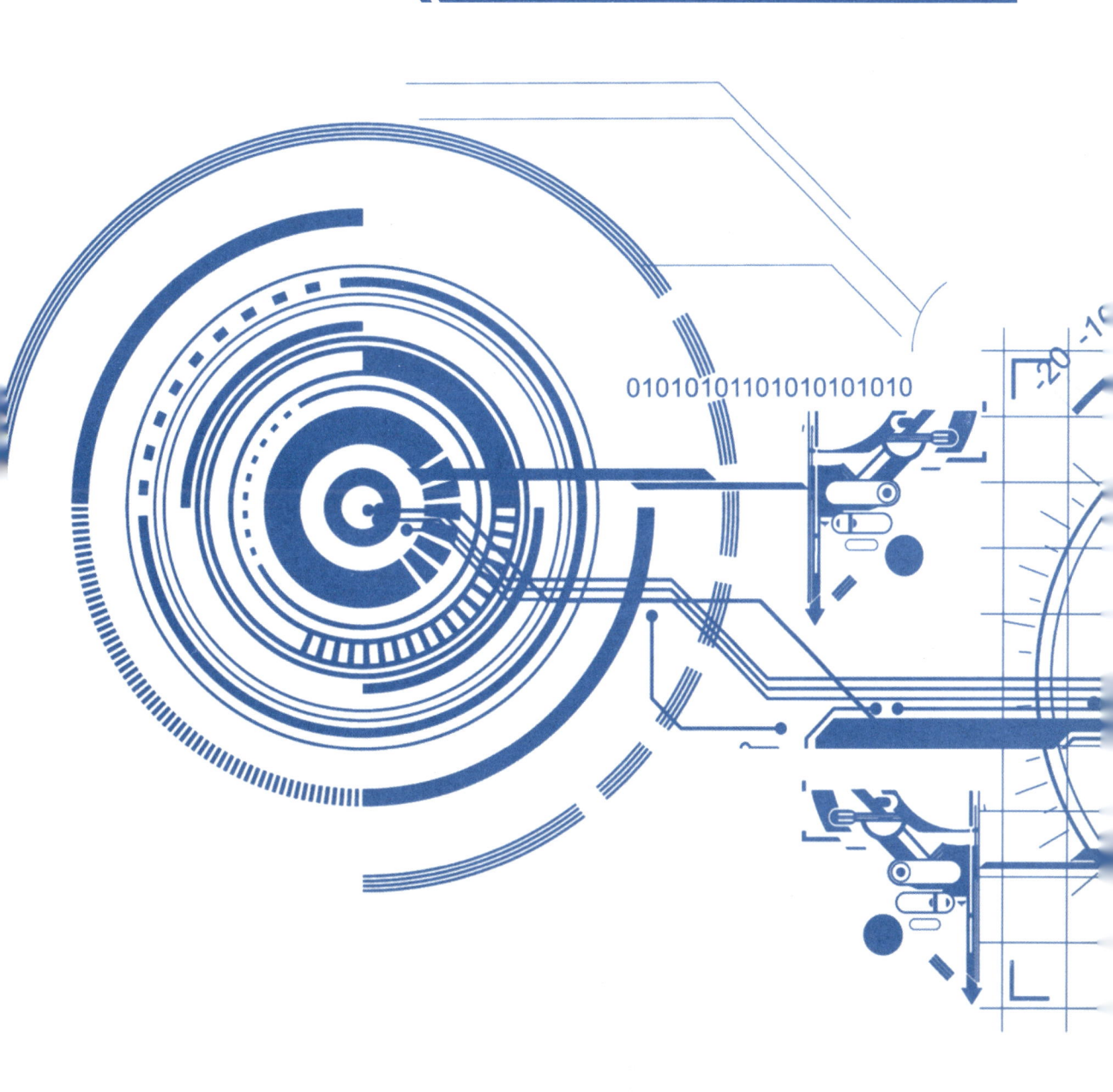

教学要求

知识目标

（1）了解信息素养的基本概念。
（2）掌握信息素养的主要要素。
（3）了解信息技术发展史。
（4）了解信息安全及自主可控的要求。
（5）掌握信息伦理知识。
（6）了解相关法律法规与职业行为自律的要求。

技能目标

（1）能够保障信息安全且自主可控。
（2）能够有效辨别虚假信息。

素养目标

（1）具备良好的信息素养，能够更准确地获取和判断信息，从而做出更加明智和负责任的决策。
（2）遵守信息社会的法律法规和道德规范，尊重他人的知识产权和隐私权。

教学建议

7.1 信息素养	1学时
7.2 信息技术发展史	1学时
7.3 信息伦理与职业行为自律	2学时

在数字化时代，信息素养已经成为每个人必备的技能和素质，它涉及人们获取、处理、利用和创造信息的能力。而社会责任则是指个人或组织在行动时应该考虑到的对他人、社会和环境的影响，并承担起相应的责任。

信息素养有助于个人更好地履行社会责任。在信息社会中，个人通过获取和处理信息来参与社会活动、做出决策和解决问题。社会责任也对信息素养提出了更高的要求。在履行社会责任的过程中，个人需要关注他人的利益、社会公正和环境保护等方面。这要求个人具备更加全面和深入的信息素养，以便更好地了解和分析社会问题，提出解决方案并付诸实践。

综合信息素养与社会责任是相互促进、相互依存的两个概念。在数字化时代，我们应该不断提升自己的信息素养，同时积极履行社会责任，成为一个具备全面素质和能力的数字公民。

课程思政

拒绝网络暴力，构建和谐网络环境

在当今数字化时代，网络已成为人们获取信息、交流思想的重要平台。然而，随着网络的普及，网络暴力的问题也日益凸显，其给个人和社会带来了极大的负面影响。为此，我们应该从自身做起，提高网络信息素养，增强自我保护意识，积极参与网络治理，树立正确的网络观念，拒绝网络暴力。同时，我们也应该呼吁更多人加入到这个行动，共同为建设一个文明、健康、和谐的网络空间贡献力量。让我们携手努力，共同营造一个美好的网络环境。

7.1 信息素养

根据中国互联网络信息中心（CNNIC）第53次《中国互联网络发展状况统计报告》显示，截至2023年12月，我国网民规模达10.92亿，网络普及率达77.5%。在网络应用方式中，"网络即时通信"使用率最高，达到了网络总数的94.3%。随着互联网用户持续增加，互联网拉近了人们的社会距离，缩小了交流时空，为人们创设了更便利的交流环境。

但是，信息技术在促进社会经济发展、推动社会进步过程中，也引发了新的挑战和危机，信息安全的挑战、隐私的泄露、网络诈骗、恶意攻击等，不仅危害到了个人安全甚至危及到国家安全。据统计，2023年全国法院共审结电信网络诈骗案件3.1万件，同比增长48.84%。加强公民信息素养教育，提升公民信息素养，增强个体在信息社会的适应力与创造力，对个人发展、国力增强、社会变革都有着十分重要的意义。

7.1.1 信息素养的基本概念

信息素养（Information Literacy）是指在信息社会中获取、利用、评价信息的一种能力和修养。它涵盖了信息意识、信息能力、信息道德等多个方面，是现代人必须具备的一种基本素质。

7.1.2 信息素养的主要要素

信息素养的主要要素包括以下三个方面。

（1）信息意识指对信息的认识、兴趣、动机、需求和理念等，主要包括认识信息与个人、社会发展的密切关系，明确自身对信息的独特需求，对信息的价值有敏感性和洞察力等。

（2）信息能力包括一般能力和信息能力。一般能力主要指传统的文化素养（比如读、写、算的能力）方面的基本思维能力、信息知识、现代信息技术知识、跨文化素养等，是顺利进行信息活动的基本知识和技能；信息能力则是指对信息的检索、获取、评价、组织和利用的能力。

（3）信息伦理是指在信息活动中应遵循的道德和规范，涉及尊重他人的隐私和权益，遵守知识产权法律法规，避免信息滥用的行为等。

7.2 信息技术发展史

随着信息化在全球的快速进展，世界对信息的需求快速增长，信息产品和信息服务对于各个国家、地区、企业、单位、家庭以及个人都是不可缺少的。信息技术已成为支撑当今经济活动和社会生活的基石。在这种情况下，信息产业成为世界各国，特别是发达国家竞相投资、重点发展的战略性产业部门。信息技术代表着当今先进生产力的发展方向，信息技术的广泛应用使信息的重要生产要素和战略资源的作用得以发挥，也使人们能更高效地进行资源优化配置，从而推动传统产业不断升级，不断提高社会劳动生产率和社会运行效率。

信息技术发展的几个阶段如下。

语言的使用

距今约 35000—50000 年前，语言已成为人类进行思想交流和信息传播不可缺少的工具。

文字的出现

大约在公元前 3500 年，文字的出现和使用让人类对信息的保存和传播取得重大突破，较大地超越了时间和地域的局限。

印刷术的发明和使用

大约在公元 1040 年，我国古代劳动人民开始使用活字印刷技术，书籍、报刊开始成为重要的信息储存和传播的载体。

电话、电视和无线电的发明

20 世纪初期人们开始使用电力和电子设备来处理和传输信息，同时还发明了电话、电视和无线电等。这些技术使得人们能够远距离传输声音和图像，从而极大地改变了人们的生活方式，由此进入利用电磁波传播信息的时代。

计算机与互联网的使用

20 世纪中叶计算机技术开始兴起。第一台真正的计算机 ENIAC 于 1946 年诞生，它使用了真空管作为计算元件。随后，晶体管和集成电路的发明使得计算机变得越来越小，速度越来越快。互联网的诞生使得计算机之间可以相互通信，开启了全球化信息交流的新时代。

20世纪末和21世纪初随着网络技术和多媒体技术的快速发展，信息技术开始进入一个新的阶段。人们可以使用手机和互联网随时随地获取和分享信息。社交媒体、云计算和大数据等新技术的出现，进一步改变了人们的生活和工作方式。

现在，人工智能、物联网、区块链和量子计算等新兴技术正在迅速发展，并将对未来的信息技术产生深远的影响。我们期待着未来的发展，并相信信息技术将继续为人类带来更多的便利和进步。

> **思考**
> 信息技术的发展对于现代社会产生了深远的影响，具体有哪些积极和消极影响呢？

7.3 信息伦理与职业行为自律

当前，以互联网、大数据、人工智能为代表的新一代信息技术蓬勃发展，深刻改变着人类的生存、社会交往方式，但有可能带来一些伦理问题。我们应当认真研究思考并树立正确的道德观、价值观和法治观，有效提升公众诚信意识和社会信用水平，统筹兼顾人工智能应用和个人隐私保护。

7.3.1 信息安全

信息安全是指信息网络的硬件、软件及其系统中的数据受到保护，不受偶然的或者恶意的影响而遭到破坏、更改、泄露，系统可以正常地运行且信息服务不会中断。

为了保障信息安全和自主可控的实现，从而确保信息的保密性、完整性、可用性和可控性，需要做到以下几点。

（1）基础设施和系统自主可控：采用自主研发、自主可控的基础设施和系统，避免外部供应链风险，确保信息的安全性和可靠性。

（2）信息安全防护：建立完善的信息安全防护体系，包括防火墙、入侵检测、病毒防护等措施，以防止信息泄露、数据篡改等安全事件的发生。

（3）访问控制和权限管理：实施严格的访问控制和权限管理，对不同用户进行分级授权，确保只有授权人员才能访问敏感信息。

（4）数据加密和备份：采用数据加密技术，对敏感数据进行加密存储和传输，同时建立数据备份和恢复机制，以防止数据丢失。

（5）人员管理和培训：加强人员管理和培训，提高员工的信息安全意识和技能水平，避免因人为因素导致安全事件。

（6）安全审计和监控：建立安全审计和监控机制，对信息系统的运行状况进行实时监测和分析，及时发现和处理安全问题。

（7）遵守法律法规：遵守相关法律法规和标准要求，建立完善的信息安全管理制度和规范，确保信息安全的合规性。

这些要求需要得到企业内部和外部的广泛支持和配合，包括管理层、技术团队、业务团队和第三方合作伙伴等。只有共同努力，才能实现信息安全的自主可控，确保企业的信息安全和稳定发展。

实训 7-1

> 开启 Windows11 系统的远程桌面功能，实现远程操控电脑。

7.3.2 信息伦理

7.3.2.1 信息伦理的概念

信息伦理也称为信息道德，是指在信息领域中用以规范人们相互关系的思想观念与行为准则。它涉及信息开发、信息传播、信息的管理和利用等方面的伦理要求、伦理准则、伦理规约，以及在此基础上形成的新型伦理关系。

信息伦理不是由国家强行制定和强行执行的，而是依靠人们的内心信念和特殊社会手段维系的。在信息活动中，个体的道德观念、情感、行为和品质，如对信息劳动的价值认同，对非法窃取他人信息成果的鄙视等，被称为个人信息道德；而社会信息活动中人与人之间的关系以及反映这种关系的行为准则与规范，如扬善抑恶、权利义务、契约精神等，被称为社会信息道德。

7.3.2.2 如何有效辨别虚假信息

有效辨别虚假信息是一项重要的技能，可以通过以下几个步骤来实现。

（1）来源可靠性判断。需要先行判断信息的来源是否可靠。一些权威的新闻机构、政府机构和知名企业通常会发布准确的信息。如果信息来源不可靠，如社交媒体上的个人账号或者没有经过权威认证的网站，那么这些信息可能是虚假的。

（2）内容真实性检查。仔细阅读信息的内容，看是否有明显的错误或矛盾之处。例如，如果一条信息过分夸大某种产品的功能或者指责某个公众人物的不道德的行为，但是没有提供足够的证据，那么这些信息可能是虚假的。

（3）第三方验证。尝试在其他可靠的来源或平台上查找与该信息相关的内容，看是否有其他权威机构或个人证实或否认该信息的真实性。

（4）逻辑推理。如果信息的内容过于离奇或与已知的事实相矛盾，那么需要运用逻辑推理能力进行判断。如果信息的内容缺乏逻辑连贯性或证据支持，那么这些信息可能是虚假的。

（5）警惕情绪化的语言。虚假信息往往使用情绪化的语言来吸引眼球或制造恐慌。如果信息中使用了过度情绪化或挑衅性的语言，那么这些信息可能是虚假的。

（6）避免偏见和先入为主的观念。在评估信息的真实性时，要避免偏见和先入为主的观念。例如，如果某个人倾向于相信某个政治立场或某个宗教信仰，那么他可能会过度相信与该立场或信仰相关的信息，而忽视其他可能的证据。

（7）注意信息的来源和发布时间。一些虚假信息可能会被故意发布在特定的时间和地点，以误导读者。因此，要注意信息的发布时间和地点以及发布者的意图和背景。

总之，辨别虚假信息需要运用批判性思维和逻辑推理能力。同时，要保持警惕和谨慎，避免被不实信息误导。

7.3.3 职业道德自律

职业道德自律是指个体或组织在职业活动中所表现出的道德自我约束和规范。它涉及对职业责任、职业操守和职业行为的自我要求和规范，确保职业活动的公正、诚信和专业性。职业道德自律的目标是建立和维护行业的公信力，提高职业活动的效率。

在信息社会中，信息伦理和职业道德自律的重要性越来越突出。随着信息技术的发展，信息的传播和处理速度得到了极大的提升，但同时也带来了许多伦理和道德问题。例如，个人信息泄露、网络欺诈、网络暴力等问题的出现，不仅对个人隐私和权益造成了侵害，也对社会的稳定和发展带来了负面影响。因此，信息伦理和职业道德自律成为保障信息安全、维护社会公正的重要手段。

总的来说，信息伦理和职业道德自律是相辅相成的。一方面，信息伦理为职业道德自律提供了指导原则和规范，帮助个体和组织在处理信息时做出正确的道德判断和行为选择。另一方面，职业道德自律则是信息伦理的体现和实践，通过自我约束和规范来确保信息的合理、公正以及诚信的使用。只有加强信息伦理和职业道德自律，才能更好地应对信息社会中的各种挑战和问题，促进社会的公正和发展。

思考

正读大二的杨同学喜欢在网络交友，有一个聊得来的网络好友向她索要照片和家庭住址，杨同学直接将自己的个人信息给了他。一天，好友途经杨同学所在城市，邀请她出来吃饭。杨同学应该去吗？你想要对她说些什么？

知识拓展

如何配置防火墙，防火墙的作用是什么？

任务拓展

使用WPS演示文稿制作一个信息技术发展史的演示文稿。

思考与练习

复习思考

（1）信息素养指的是什么？
（2）信息素养的主要要素有哪些？
（3）信息技术的发展经历了哪几个阶段？
（4）什么是信息伦理？
（5）信息安全为什么这么重要？
（6）如何做到职业道德自律？

参考文献

[1] 聂庆鹏，朱丽文，鲁丽伟.WPS办公应用[M].北京：高等教育出版社，2021.
[2] 毛书朋，冯曼，赵娜，等.WPS办公应用[M].北京：高等教育出版社，2021.
[3] 温苑花，刘妮，钟鑫轰.计算机应用基础[M].北京：中国纺织出版社有限公司，2021.
[4] 郭长庚，刘树聃.计算机应用基础[M].北京：北京邮电大学出版社，2019.
[5] 陈哲.信息技术基础模块[M].北京：教育科学出版社，2021.
[6] 李作主.大学计算机实践教程[M].北京：电子工业出版社，2022.
[7] 胡定奇.WPS高级办公软件应用[M].长沙：湖南师范大学出版社，2021.